Photoshop平面设计基础

主　编　党天丞
副主编　杨韵妍　区铭鸿　龚金良
参　编　翁桂哗　吴冬艾　冯　超　李珏玲

机械工业出版社

本书采用"行动导向、任务驱动"的方法，通过实际项目和任务，系统介绍了插画设计、图片美化设计、图标设计、字体设计、海报设计、书籍装帧设计、Banner设计、手机页面设计8个应用领域的技巧与方法。通过全书25个任务的制作，读者可以全面掌握Photoshop 2022软件强大的绘图和编辑功能，还能体验真实工作任务的设计和制作方法，深入了解平面设计的基本要求。

本书可作为职业院校计算机类专业的教材，也可以作为平面图形设计人员的培训教材，还可供广大计算机艺术设计爱好者自学或参考使用。

本书配套有电子课件等教学资源，选用本书作为授课教材的教师可以在机械工业出版社教育服务网（www.cmpedu.com）免费注册后进行下载或联系编辑（010-88379807）咨询。

图书在版编目（CIP）数据

Photoshop平面设计基础 / 党天丞主编. -- 北京：机械工业出版社，2025.2. -- ISBN 978-7-111-77504-1

Ⅰ．TP391.413

中国国家版本馆CIP数据核字第2024H4S946号

机械工业出版社（北京市百万庄大街22号　邮政编码100037）
策划编辑：张星瑶　　　　　责任编辑：张星瑶　刘益汛
责任校对：牟丽英　薄萌钰　　封面设计：严娅萍
责任印制：邓　敏
北京富资园科技发展有限公司印刷
2025年2月第1版第1次印刷
184mm×260mm・12.25印张・292千字
标准书号：ISBN 978-7-111-77504-1
定价：39.00元

电话服务　　　　　　　　　网络服务
客服电话：010-88361066　　机 工 官 网：www.cmpbook.com
　　　　　010-88379833　　机 工 官 博：weibo.com/cmp1952
　　　　　010-68326294　　金 书 网：www.golden-book.com
封底无防伪标均为盗版　机工教育服务网：www.cmpedu.com

前 言

Photoshop是当前广泛使用的图像处理软件，应用于办公、数码影像、广告设计、Web前端效果图设计等技术领域，了解和掌握Photoshop图像处理技术，已成为信息时代人们必须掌握的基本技能之一。

本书采用"行动导向、任务驱动"的方法，将职业岗位需求与教学、软件知识学习和平面艺术设计密切结合起来，重点突出实用性和操作性，针对学生实际情况来组织教学内容，简化理论基础，重点强化实践技能。本书精选8个平面设计行业典型项目，每个项目代表Photoshop的一个应用领域，不同的领域涵盖不同设计特点与要求，设计技巧多样。每个项目精心设计了相应任务，包含"任务描述""知识技能""任务实施""任务小结""任务拓展"五个部分。"任务描述"介绍任务总体设计要求和分析，"知识技能"阐述该任务的主要技术知识，"任务实施"提供具体的操作步骤，"任务小结"总结学习过程和关键技能，"任务拓展"主要利用所学知识进行类似设计作品的创作。通过完成任务，学生不仅掌握了Photoshop软件中相关工具的使用方法和操作技巧，还能对平面设计完整的工作流程有一个清晰的理解。

本书共8个项目，25个任务，教学安排建议80个学时，其中理论18学时，实训62学时，具体如下：

项目	知识与技能	理论学时	实训学时
项目1 插画设计	软件的基本操作	2	6
项目2 图片美化设计	选区与色彩调整	2	10
项目3 图标设计	形状与路径	2	6
项目4 字体设计	文字与滤镜	2	6
项目5 海报设计	图层的应用	3	7
项目6 书籍装帧设计	通道与蒙版	3	7
项目7 Banner设计	软件新功能	2	10
项目8 手机页面设计	AI智能工具	2	10

本书由党天丞任主编并统稿，杨韵妍、区铭鸿和龚金良任副主编，并负责教材的编写、改稿、校审等工作，参与编写的还有翁桂晔、吴冬艾、冯超和李珏玲。具体编写分工如下：佛山市南海区信息技术学校党天丞编写项目1；佛山市南海区信息技术学校区铭鸿编写项目2；榕江县中职职业学校龚金良编写项目3；南海第一职业学校吴冬艾编写项目4；榕江县中职职业学校冯超编写项目5；佛山市南海区信息技术学校李珏玲编写项目6；九江职业技术学校翁桂晔编写项目7；佛山市南海区信息技术学校杨韵妍编写项目8。本书中所介绍的任务均在Photoshop 2022环境下操作完成。

本书在编写过程中，得到了广东省佛山市南海区信息技术学校的焦玉君书记、田中宝副校长和高海涛副校长的精心指导和帮助，在此一并表示诚挚的感谢。

鉴于编者水平有限，书中难免存在疏漏之处，恳请广大师生及读者批评指正。读者意见反馈邮箱：75869086@qq.com。

编 者

二维码索引

序号	视频名称	二维码	页码	序号	视频名称	二维码	页码
1	任务1.1 绘制卡通熊头像		2	10	任务拓展2.2 制作结婚登记照		36
2	任务拓展1.1 绘制卡通头像		9	11	任务2.3 人物妆容美化		36
3	任务1.2 绘制橘子		10	12	任务拓展2.3 人像美化		40
4	任务拓展1.2 绘制灯笼		17	13	任务2.4 制作风景图片		41
5	任务1.3 绘制风景插画		18	14	任务拓展2.4 制作星空图		45
6	任务拓展1.3 绘制城市景观插画		23	15	任务2.5 修复老照片		45
7	任务2.1 改变小鸟颜色		26	16	任务拓展2.5 飞机老照片修复		48
8	任务拓展2.1 人像摄影		31	17	任务3.1 绘制卡通类图标		50
9	任务2.2 设计红底证件照		32	18	任务拓展3.1 绘制"广佛快面"图标		56

二维码索引

（续）

序号	视频名称	二维码	页码	序号	视频名称	二维码	页码
19	任务3.2 绘制手机日历图标		56	28	任务拓展4.3 剪纸效果字体设计		86
20	任务拓展3.2 绘制相机图标		63	29	任务5.1 制作汽车地铁宣传海报		88
21	任务3.3 绘制举重图标		63	30	任务拓展5.1 制作汽车宣传海报		93
22	任务拓展3.3 绘制奶茶店图标		68	31	任务5.2 制作饼干宣传海报		94
23	任务4.1 粉笔字效果设计		70	32	任务拓展5.2 制作餐厅X展架宣传海报		99
24	任务拓展4.1 书法字体效果设计		76	33	任务5.3 制作旅行社T型广告牌海报		101
25	任务4.2 立体字设计		77	34	任务拓展5.3 制作运动会公众号宣传海报		108
26	任务拓展4.2 Logo字体设计		81	35	任务6.1 制作动物杂志封面		110
27	任务4.3 霓虹灯效果字体设计		81	36	任务拓展6.1 制作美食杂志封面		118

V

（续）

序号	视频名称	二维码	页码	序号	视频名称	二维码	页码
37	任务6.2 制作珠宝杂志封面		120	44	任务拓展7.2 制作化妆品手机APP Banner		162
38	任务拓展6.2 制作青少年励志读物封面		128	45	任务8.1 制作教育平台APP欢迎页		164
39	任务6.3 制作摄影杂志封面		129	46	任务拓展8.1 制作科技公司APP欢迎页		170
40	任务拓展6.3 制作旅游杂志封面		139	47	任务8.2 制作生鲜超市H5推广页面		171
41	任务7.1 制作教育类网页Banner		142	48	任务拓展8.2 制作抽奖H5页面		178
42	任务拓展7.1 制作儿童玩具网页Banner		149	49	任务8.3 制作社交平台APP界面		179
43	任务7.2 制作女装手机APP Banner		149	50	任务拓展8.3 制作旅游APP登录页面		185

目　　录

前言
二维码索引

项目1　插画设计 1
　任务1　绘制卡通熊头像 2
　任务2　绘制橘子 10
　任务3　绘制风景插画 18

项目2　图片美化设计 25
　任务1　改变小鸟颜色 26
　任务2　设计红底证件照 32
　任务3　人物妆容美化 36
　任务4　制作风景图片 41
　任务5　修复老照片 45

项目3　图标设计 49
　任务1　绘制卡通类图标 50
　任务2　绘制手机日历图标 56
　任务3　绘制举重图标 63

项目4　字体设计 69
　任务1　粉笔字效果设计 70
　任务2　立体字设计 77
　任务3　霓虹灯效果字体设计 81

项目5　海报设计 87
　任务1　制作汽车地铁宣传海报 88
　任务2　制作饼干宣传海报 93
　任务3　制作旅行社T型广告牌海报 100

项目6　书籍装帧设计 109
　任务1　制作动物杂志封面 110
　任务2　制作珠宝杂志封面 120
　任务3　制作摄影杂志封面 129

项目7　Banner设计 141
　任务1　制作教育类网页Banner 142
　任务2　制作女装手机APP Banner 149

项目8　手机页面设计 163
　任务1　制作教育平台APP欢迎页 164
　任务2　制作生鲜超市H5推广页面 170
　任务3　制作社交平台APP界面 179

参考文献 187

项目1 插画设计

插画是一种视觉艺术形式，它用图像来表达或补充文字的内容。插画可以出现在书籍、杂志、广告、动漫、游戏等各种媒介中，增加视觉效果和吸引力。插画可以分为不同的类型，如科幻插画、漫画插画等，也可以根据使用的媒介和工具进行分类，如水彩插画、素描插画等，每种类型都有其特定的风格和技巧，可以根据不同的主题和目的进行创作。

Photoshop是一款广泛使用的图像处理软件，可以用来进行插画绘制。Photoshop提供了丰富的工具和功能，可以帮助插画师实现各种效果和风格。学习Photoshop插画需要掌握一些基础知识，如图层、画笔、色彩、滤镜等，还需要有一定的绘画技巧和审美能力。插画是一门有趣而有挑战的艺术，Photoshop可以让你发挥想象力和创造力，绘制出属于你的独特作品。

知识目标

- 了解Photoshop 2022的应用领域，并熟悉其工作界面。
- 掌握Photoshop 2022的基本操作。

技能目标

- 能够应用选区工具绘制基本图形。
- 能够应用形状工具绘制复杂图形。
- 掌握图层面板及历史记录面板的使用。
- 能够利用变换命令和钢笔工具对图形进行修改。

素养目标

- 通过学习，引导学生爱护动物，热爱劳动，欣赏祖国大好河山，感受祖国日新月异的变化，增强民族自豪感。

Photoshop 平面设计基础

任务1　绘制卡通熊头像

任务描述

卡通形象有很多种，如泰迪熊、《熊出没》里的熊大和熊二等，这些卡通形象被众多企业用作品牌宣传，深受大家喜爱。现在星星游乐园开业在即，需要打造一款卡通形象用于游乐园品牌宣传，下面将绘制一个可爱的卡通熊头像作为星星游乐园的卡通形象，本任务主要是学习Photoshop 2022软件的基本操作，掌握如何使用选区和图层轻松地绘制卡通熊头像，本任务完成效果如图1-1-1所示。

扫码看视频

图1-1-1　卡通熊头像

知识技能

Photoshop 2022工作界面主要包括菜单栏、工具箱、工具属性栏、状态栏、图像编辑窗口和浮动控制面板等。启动Photoshop 2022并且打开一幅图像后，工作界面如图1-1-2所示。

菜单栏
工具属性栏
工具箱
图像编辑窗口
浮动控制面板
状态栏

图1-1-2　Photoshop 2022工作界面

2

项目1　插画设计

1. 工具箱

工具箱默认位置在工作界面左侧，通过拖动它的顶部可以将其拖放至工作界面的任意位置。

工具箱顶部有折叠按钮 ⸤⸤ ，单击该按钮可以将工具箱中的工具紧凑排列，工具箱如图1-1-3所示。选择工具箱中的工具，只需要单击该工具对应的图标按钮即可。仔细观察工具箱，可以发现有的工具按钮右下角有一个黑色的小三角，表示该工具位于一个工作组中，其下还有一些隐藏的工具，在该工具按钮上按住鼠标左键不放或使用右键单击，可显示该工具组中隐藏的工具，如图1-1-4所示。

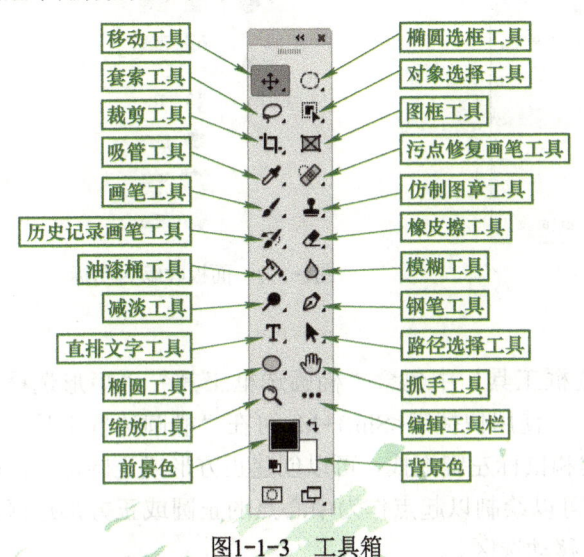

图1-1-3　工具箱　　　　　　　　　图1-1-4　显示隐藏的工具

2. 工具属性栏

工具属性栏是对当前所选工具进行参数设置。不同工具所对应的选项栏属性也有所不同。"仿制图章工具"属性栏如图1-1-5所示。通过对选项栏中各项属性的设置可以定制当前工具的工作状态，以利用一个工具设计出不同的图像效果。

图1-1-5　"仿制图章工具"属性栏

3. 面板

各种面板默认显示在工作界面的右侧，Photoshop 2022提供了20多种面板，每一种面板都有其特定功能。

每一组面板的右上角有双向箭头，单击它们可以展开或折叠面板组，单击面板顶端的"展开面板"按钮 ⸤⸤ ，可以将面板展开，如图1-1-6所示；单击"折叠为图标"按钮可以将其全部收缩为图标，如图1-1-7所示。

4. 选区

选区是封闭的区域，可以是任意形状，不存在开放的选区。Photoshop可创建选区的工具有"选框工具""套索工具""魔棒工具"及其子工具箱中的隐藏工具。选区一旦建立，大部分的操作只针对选区范围内有效。如果要针对全图操作，必须先取消选区，按快捷键<Ctrl+D>可取消选区。

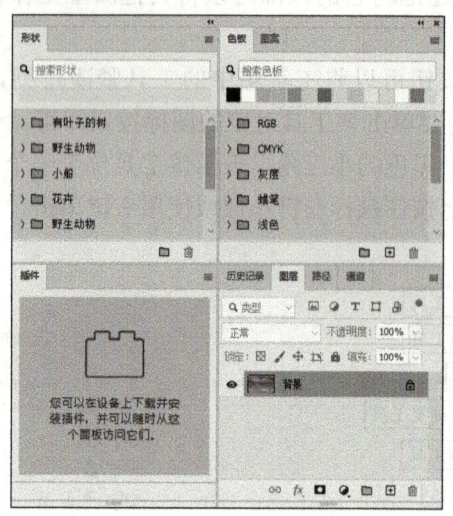

图1-1-6　展开的面板

图1-1-7　面板收缩为图标

5. 选框工具

"选框工具"的快捷键为<M>，"选框工具"中包含"椭圆选框工具""矩形选框工具""单行选框工具""单列选框工具"，使用快捷键<Shift+M>可在"椭圆选框工具"和"矩形选框工具"间切换。按住<Shift>键和鼠标左键拖拽，可以创建正方形或正圆形，同时按住<Alt>、<Shift>键和鼠标左键拖拽，可以绘制以起点作为中心点的正圆或正方形选区，在拖拽鼠标的同时按住<空格>键可以随意移动选区。

6. 填充工具

填充前景色的快捷键是<Alt+Delete>，填充背景色的快捷键是<Ctrl+Delete>。

填充颜色还可以使用"油漆桶工具"，为色彩相近并相连的区域或选区填充颜色或图案。它的属性栏包括填充、模式、不透明度、容差、消除锯齿、连续的和所有图层，如图1-1-8所示。

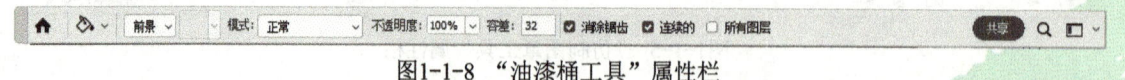

图1-1-8　"油漆桶工具"属性栏

7. 图层

图层可以看成一张张按顺序叠起来的透明胶片，每张透明胶片上有着不同的内容。每个图层都能被单独调整和编辑。当处理一个图层的时候，其他的图层不受影响，并且单击图层前面的👁图标，可以显示或隐藏该图层上的内容。

单击某个图层，可激活该图层，从而对图层内容进行编辑；如果要选中多个图层，按住<Ctrl>键，依次单击需要选择的图层；如果要选中多个连续的图层，则按住<Shift>键单击这些连续图层的首尾两个图层。

图层是可以重命名、复制和删除的，双击图层名称可以重命名图层；拖动图层到图层面板下方的"创建新图层"按钮上，松开鼠标就完成了图层复制；拖动图层到图层面板下方的

项目1　插画设计

"删除图层"按钮上，可以删除图层。

图层顺序也可以调换，改变图层的顺序和属性可以改变图像的最后效果。调换时，用鼠标直接拖动图层到目标位置即可。但背景层不能和其他图层调换，因为背景层自动锁定，无法移动，无法改变不透明度。然而，背景图层可转换为普通图层，方法是双击背景图层，弹出对话框，单击"确定"按钮。

图层还能合并或链接在一起。按快捷键<Ctrl+E>可以使当前图层与下一图层合并；合并多个图层时，选中需要合并的所有图层，右击这些图层并在弹出的快捷菜单中选择"合并图层"或按快捷键<Ctrl+E>。有时候需要对多个图层同时进行缩放、移动或旋转等操作，但又不希望这些图层合并，就可以将这些图层链接在一起，选中需要链接的所有图层，单击图层面板的"链接图层"按钮 ∞ 即可。

任务实施

1. 新建文件

1）启动Photoshop 2022，执行"文件"→"新建"命令，或者按快捷键<Ctrl+N>，打开"新建文档"对话框。

2）在"名称"文本框中输入"卡通小熊头像"，选择"宽度"和"高度"的单位为"像素"，在"宽度"和"高度"文本框中分别输入800和800，在"颜色模式"下拉列表框中选择"RGB颜色"选项，然后在"背景内容"下拉列表框中选择"白色"选项，然后单击"创建"按钮，如图1-1-9所示。

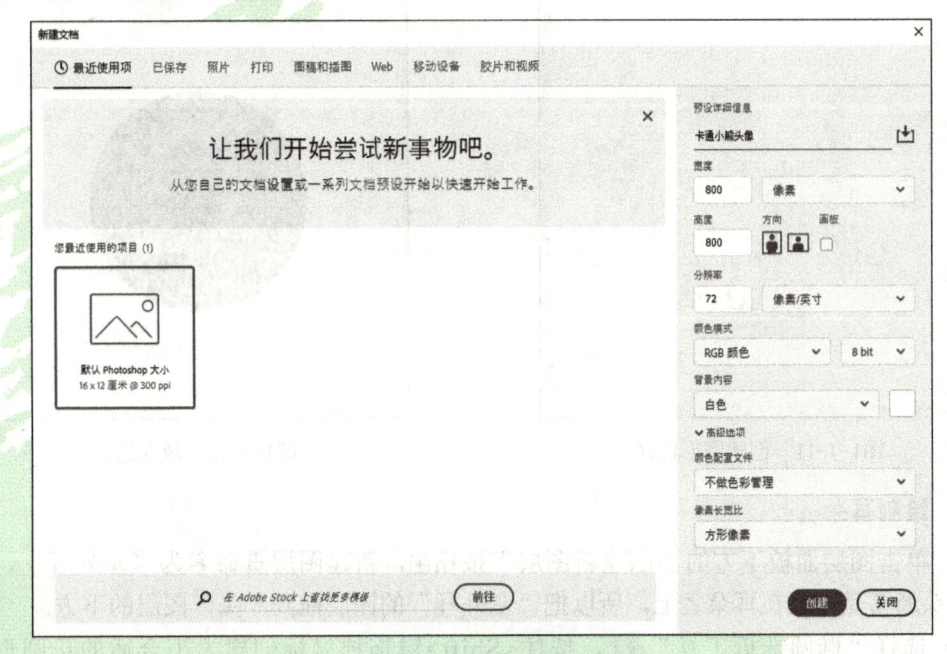

图1-1-9　"新建文档"对话框

2. 新建图层

执行"窗口"→"图层"菜单命令，或者按快捷键<F7>，打开图层面板，然后单击图层面板下方的"创建新图层"按钮⊞，新建"图层1"，双击图层名称"图层1"，然后将"图层1"重命名为"头"，如图1-1-10所示。

图1-1-10　新建图层

3. 绘制卡通熊的头部

1）选择工具箱中的"椭圆选框工具"○，按住鼠标左键同时按住<Shift+Alt>键在画布中心位置向外拖拽鼠标，创建大小合适的圆形选区，如图1-1-11所示。为了确定圆形在画面的大小和位置，绘制选区前可以先执行"视图"→"标尺"菜单命令，或者按快捷键<Ctrl+R>显示标尺，然后从标尺拖拽出辅助线。

2）选择工具箱中的"油漆桶工具"◇，前景色设为棕色"#943c0c"，在选区内单击，或者按快捷键<Alt+Delete>，给头部填充棕色，按快捷键<Ctrl+D>取消选区，如图1-1-12所示。

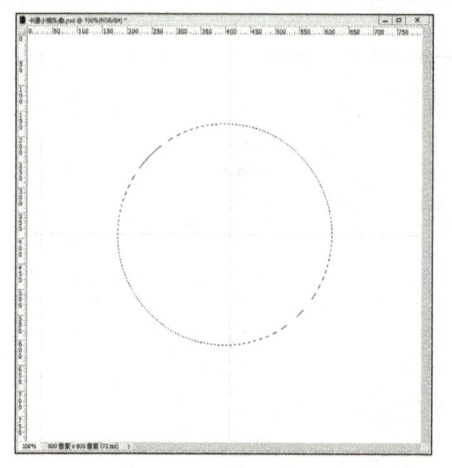

图1-1-11　创建圆形选区　　　　　图1-1-12　填充选区

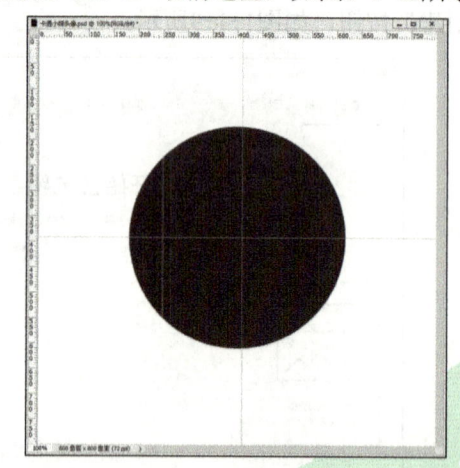

4. 绘制耳朵

1）单击图层面板下方的"创建新图层"按钮⊞，新建图层重命名为"左外耳"，在绘图时，头通常是压叠在耳朵之上，所以把"左外耳"的图层拖到"头"图层的下方。

2）选择"椭圆选框工具"○，按住<Shift>键拖拽鼠标创建大小合适的正圆形选区（拖拽鼠标的同时按<空格>键可移动选区的位置），然后按快捷键<Alt+Delete>填充棕色，按快捷键<Ctrl+D>取消选区，绘制出左耳外耳，从标尺拖拽出一根辅助线，选择"移动工具"✥，调整左外耳图形到合适位置，如图1-1-13所示。

项目1 插画设计

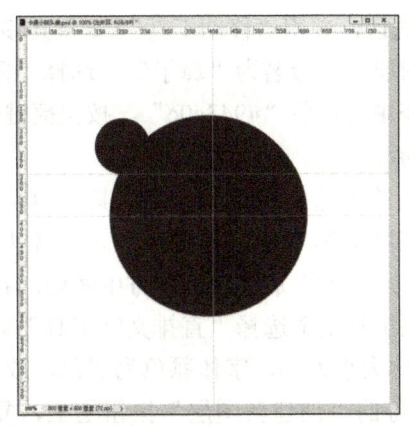

图1-1-13 绘制左外耳

3）拖动"左外耳"图层到图层面板下方的"创建新图层"按钮🞧上，松开鼠标，复制出一个"左外耳拷贝"图层，重命名为"左内耳"，单击图层面板上方的"锁定透明像素"按钮🞧，按快捷键<Alt+Delete>填充橙色"#f28609"。然后按快捷键<Ctrl+T>变换图形，调出自由变换控制框，把鼠标放在变换框的顶角上并按住<Shift>键拖拽，缩小图形并调整到合适位置，按<Enter>键确认，如图1-1-14所示。

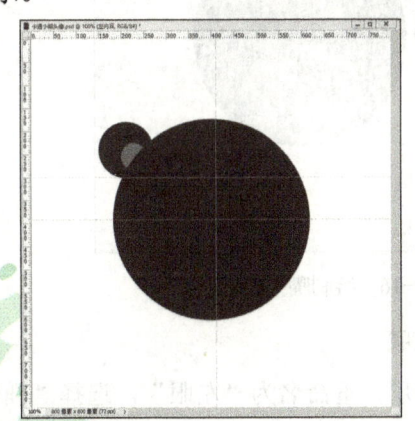

图1-1-14 绘制左内耳

4）按住<Ctrl>键，单击"左外耳"图层和"左内耳"图层，选中这两个图层。单击图层面板下方的"链接图层"按钮⚭，然后拖拽图层到图层面板下方的"创建新图层"按钮🞧上，松开鼠标复制出两个新图层，重命名为"右外耳"和"右内耳"。执行"编辑"→"变换"→"水平翻转"命令把新建图形水平翻转，并用"移动工具"✥，将其移动到合适位置，如图1-1-15所示。

5. 绘制嘴巴和鼻子

1）在"头"图层上新建图层，重命名为"嘴"，选择"椭圆选框工具"⬭绘制嘴的外轮廓选区，按快捷键<Alt+Delete>填充橙色"#f28609"，按快捷键

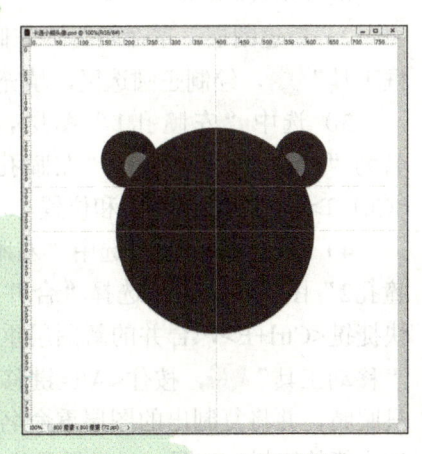

图1-1-15 完成右耳绘制

<Ctrl+D>取消选区，并用"移动工具" ⊕ 将其移动到合适位置。

2）新建图层，重命名为"鼻子"，选择"椭圆选框工具" ○ 绘制的鼻子选区，按快捷键<Alt+Delete>填充棕色"#943c0c"，按快捷键<Ctrl+D>取消选区，将其移动到合适位置，如图1-1-16所示。

3）在工具箱中选择"横排文字工具" T，在画布中单击，在插入点处输入大写英文"I"，设置文字字体为"微软细黑"，字体大小为70，字体颜色为黑色，并用"移动工具" ⊕ 将大写英文"I"放在鼻子下方中间处，并把文字图层移动到鼻子图层下方。

4）再次在工具箱中选择"直排文字工具" IT，输入符号"）"，设置文字字体为"微软细黑"，字体大小为70，字体颜色为黑色，放在直线的下方中间处。拖动"）"文字图层到图层面板下方的"创建新图层"按钮 ⊞ 上，复制出一个"）拷贝"图层，调整到对称位置，如图1-1-17所示。

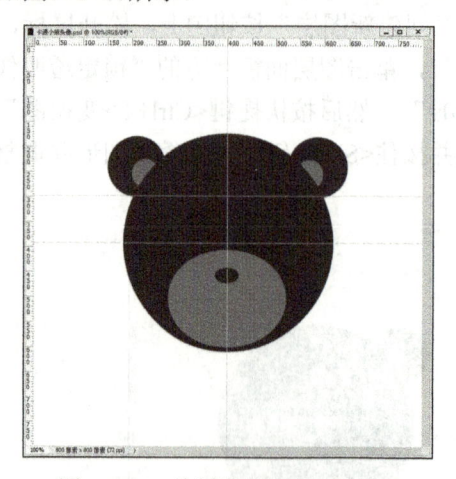

图1-1-16　绘制嘴外轮廓、鼻子　　　　　图1-1-17　绘制嘴巴

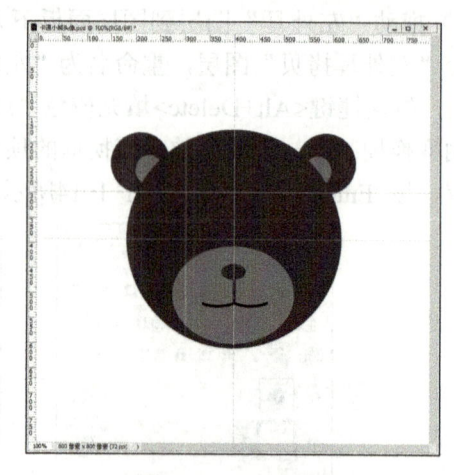

6. 绘制眼睛

1）新建图层，重命名为"左眼"，选择"椭圆选框工具" ○，按住<Shift>键拖拽鼠标创建大小合适的正圆形选区。按<D>键使前景色为黑色，按快捷键<Alt+Delete>填充黑色，按快捷键<Ctrl+D>取消选区。

2）新建图层，重命名为"左瞳孔1"选择"椭圆选框工具" ○，绘制正圆选区，填充白色。

3）选中"左瞳孔1"图层，复制该图层，重命名为"左瞳孔2"，选择"左瞳孔2"图层，按快捷键<Ctrl+T>，调整图形大小和位置。

4）按住<Ctrl>键，选中"左眼""左瞳孔1""左瞳孔2"图层并右击，选择"合并图层"命令，或者按快捷键<Ctrl+E>，合并的新图层重名为"左眼"。选择"移动工具" ⊕，按住<Alt>键移动眼睛，复制出另一只眼睛，并将复制出的图层重命名为"右眼"，完成卡通小熊的绘制，如图1-1-18所示。

图1-1-18　绘制眼睛

项目1　插画设计

7. 存储图像

1）执行"文件"→"存储为"菜单命令，或者按快捷键<Ctrl+Shift+S>，打开"另存为"对话框。

2）在"保存在"下拉列表框中设置文件存储的路径，在"文件名"文本框中输入文件名，在"保存类型"下拉列表框中选择文件存储类型，如图1-1-19所示。

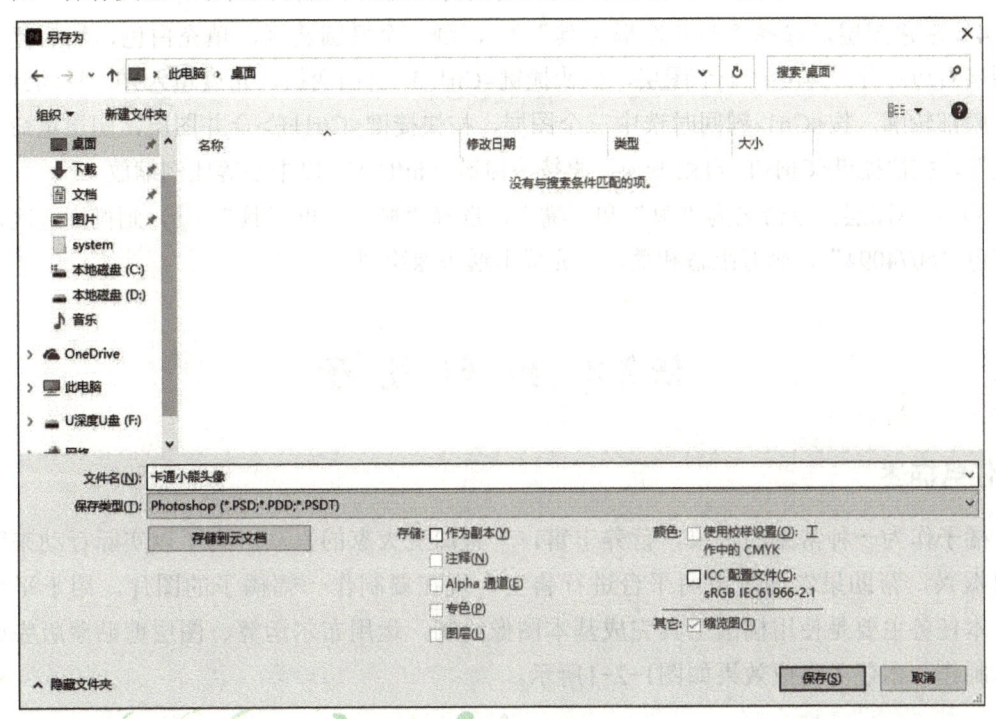

图1-1-19　保存图像

3）单击 保存(S) 按钮，即可保存制作好的图像，当需要再次保存时，可以直接按快捷键<Ctrl+S>。

任务小结

Photoshop 2022软件的新建、打开、保存、关闭与其他软件的操作方法相似，通过椭圆选框工具建立合适的选区并填充相应的颜色，结合图层的调整可以比较快速地绘制出卡通熊头像，在操作过程中利用快捷键可以提高工作效率。

任务拓展

利用椭圆选框工具、自由变换、图层调整，制作卡通头像。效果如图1-1-20所示。

操作提示：

1）执行"文件"→"新建"命令，或者按快捷键<Ctrl+N>，新建一个800×800像素白色背景的文档。

图1-1-20　卡通头像

扫码看视频

2）新建图层，重命名为"头"，拖出辅助线，选择"椭圆选框工具" ◯ ，按住<Shift+Alt>键，从中心点画一个正圆选区，然后按快捷键<Ctrl+Delete>填充蓝色"#074094"。

3）新建图层，重命名为"左耳"，选择"椭圆选框工具" ◯ ，按住<Shift>键，画一个正圆形选区，填充蓝色"#074094"，调整到"头"图层下方。按快捷键<Ctrl+J>复制出右耳，选择"移动工具" ✥ ，按住<Shift>键移动到另一边，形成两只耳朵。

4）新建图层，选择"椭圆选框工具" ◯ ，画一个椭圆选区，填充白色，然后复制一个图层右边对称，再复制一个图层，按快捷键<Ctrl+T>自由变换，角度填入90，移动到下面形成脸部轮廓。按<Ctrl>键同时选中三个图层，按快捷键<Ctrl+E>合并图层，图层重命名为"脸"，按快捷键<Ctrl+T>自由变换，再按快捷键<Shift+Alt>以中心等比例缩放。

5）新建图层，重命名为"眼"和"嘴"，选择"椭圆选框工具" ◯ ，画椭圆选区，填充蓝色"#074094"，画好眼睛和嘴巴，完成卡通头像绘制。

任务2　绘　制　橘　子

任务描述

橘子作为一种常见的水果，营养丰富，一直深受大家的喜欢。为了以实际行动来助力乡村振兴，帮助果农通过电商平台进行售卖，现在要制作一幅橘子的图片，用于平台宣传。本任务主要是使用椭圆工具完成基本图像绘制，运用布尔运算、图层剪贴蒙版完成阴影的制作，本任务完成效果如图1-2-1所示。

扫码看视频

图1-2-1　橘子效果图

知识技能

学会利用椭圆工具、矩形工具、布尔运算、图层剪贴蒙版绘制简单的形状图形。

1. 形状工具

形状工具主要作用是使用户可以直接在图像中创建各种各样预存的图形，形状工具组包括矩形工具、椭圆工具、三角形工具、多边形工具、直线工具和自定义形状工具。

（1）椭圆工具

椭圆工具可以绘制椭圆或圆形的形状或路径，选择椭圆工具图标，然后在图层上面用

项目1　插画设计

鼠标拖出一个矩形框，拖动的过程中，可以看到像素的宽和高，表示形状的大小。绘制好后，松开鼠标即可。

如果想画一个精确的椭圆，可以单击图层，然后弹出"创建椭圆"对话框，按要求输入椭圆的大小以及是否从中心开始创建椭圆，如果在拖动鼠标的过程中，按住<Shift>键，那么可以画出一个正圆，如图1-2-2所示。

图1-2-2　绘制椭圆

（2）布尔运算

新建图层：每绘制一个形状就创建一个形状图层（默认情况下）。

合并形状：所绘制的形状都在一个图层上（快捷键为<Shift>）。

减去顶层：用"后面绘制的形状"减去"前面绘制的形状"（快捷键为<Alt>）。

形状相交："后面绘制的形状"与"前面绘制的形状"相交的部分保留。（快捷键为<Shift+Alt>）。

排除重叠："后面绘制的形状"与"前面绘制的形状"相交的部分镂空。

合并形状组件：将多个路径合成一个路径，不能再修改。

布尔运算各选项效果如图1-2-3所示。

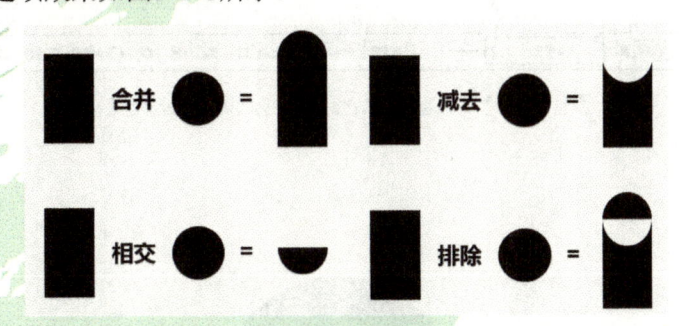

图1-2-3　布尔运算

2. 剪贴蒙版

剪贴蒙板是由两个或者两个以上的图层组成，最下面的一个图层叫作基底图层（简称基层），位于其上的图层叫作顶层。基层只能有一个，顶层可以有若干个。

Photoshop的剪贴蒙版可以这样理解：顶层是图像，基层是外形。剪贴蒙版的好处在于不会破坏顶层图像（上面图层）的完整性，并且可以随意在基层处理。

例如，上面一个图层是动物，下面一个图层是椭圆。选择动物图层，在图层上单击鼠标右键，选择"创建剪贴蒙版"，或者按快捷键<Ctrl+Alt+G>。动物图层的内容就限制在椭圆之内，如图1-2-4所示。

Photoshop平面设计基础

图1-2-4　剪贴蒙版

任务实施

1. 绘制椭圆

1）打开Photoshop 2022软件，执行"文件"→"新建"命令，新建800×800像素白色背景的文档。

2）选择工具箱中的"椭圆工具" ◯．，填充颜色设置为橙色"#fb8707"，描边颜色为无，然后在白色背景上画一个合适大小的椭圆形，并把图层重命名为"橙色果"，如图1-2-5所示。

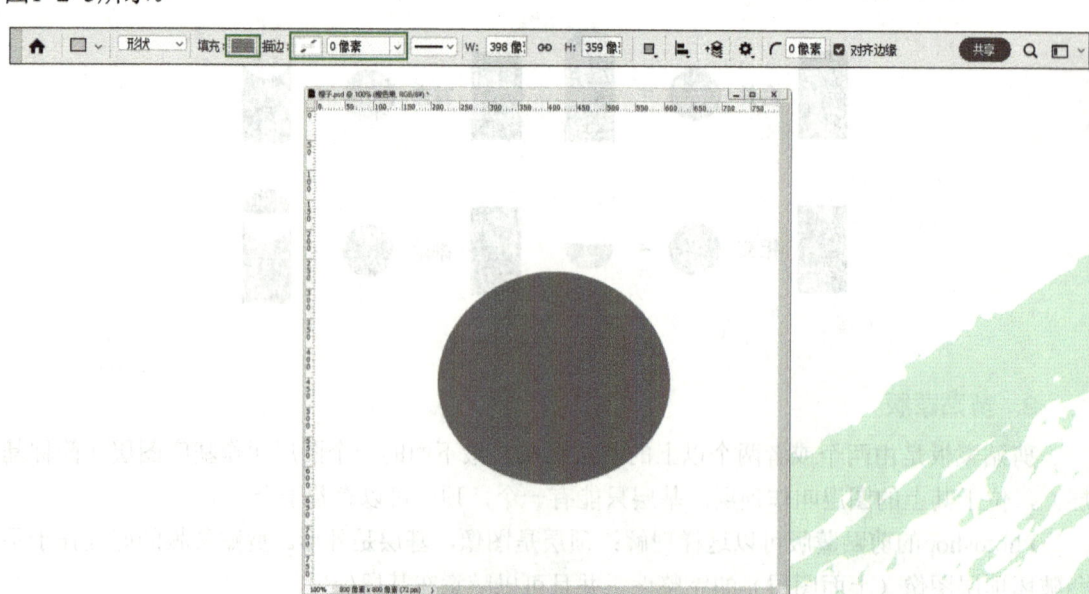

图1-2-5　绘制椭圆

3）选择工具箱中"直接选择工具" ▷．，调整图形形状，如果觉得不满意，可以通过历史记录面板还原到上一步或最初的状态，如图1-2-6所示。

项目1　插画设计

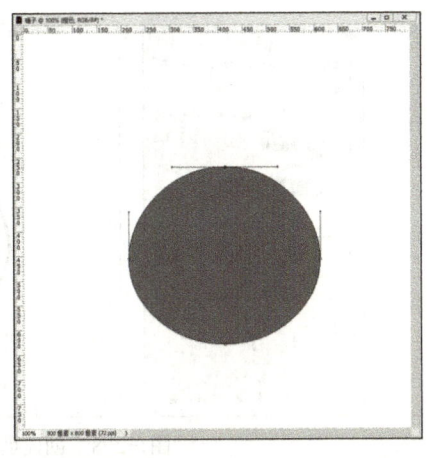

图1-2-6　调整椭圆形状

4）按快捷键<Ctrl+J>复制"橙色果"图层，把新图层重命名为"黑色边框"，填充颜色设置为无，描边颜色设置为黑色，8像素，如图1-2-7所示。

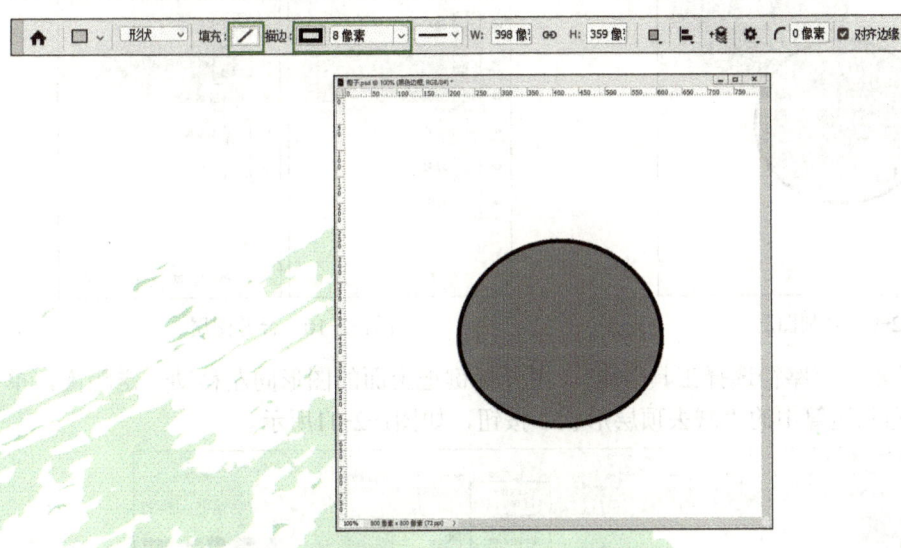

图1-2-7　绘制边框

2. 制作阴影与高光

1）选中"橙色果"图层，按快捷键<Ctrl+J>复制"橙色果"图层，把新图层重命名为"白色果"，并把颜色设置为白色，同时把"白色果"图层移动到"橙色果"图层下面。

2）选择"橙色果"图层，按快捷键<Ctrl+Alt+G>，创建剪贴蒙版，选择工具箱中"移动工具"，把"橙色果"图形向右移动一定距离，如图1-2-8所示。

3）选中"橙色果"图层，按快捷键<Ctrl+J>复制"橙色果"图层，把新图层重命名为"橘红色阴影"，并把颜色设置为橘红色"#fb7707"，把图形移动到画布空的位置，如图1-2-9所示。

4）按快捷键<Ctrl+J>复制"橘红色阴影"图层，按<Ctrl>键的同时单击选中两个图层，按快捷键<Ctrl+E>合并图层，如图1-2-10所示。

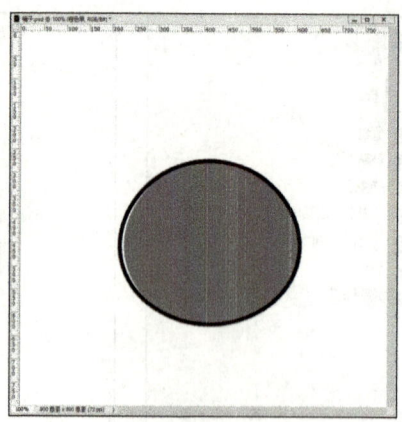

图1-2-8　创建剪贴蒙版

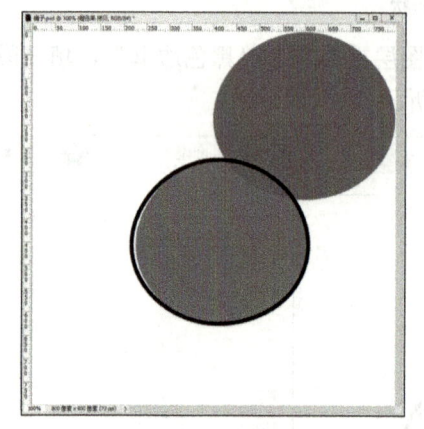

图1-2-9　复制图层

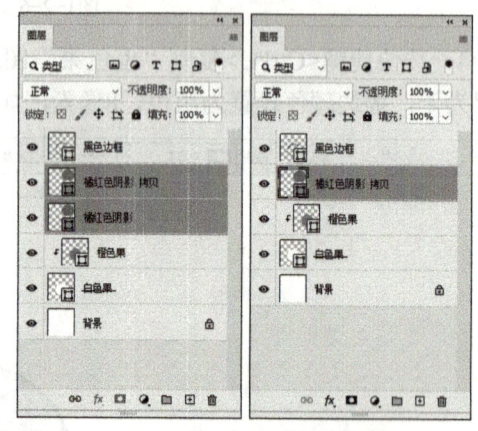

图1-2-10　合并图层

5）选择工具箱中"路径选择工具"，用光标键把上面的图形向左移动一定距离，单击工具属性栏中布尔运算中的"减去顶层形状"按钮，如图1-2-11所示。

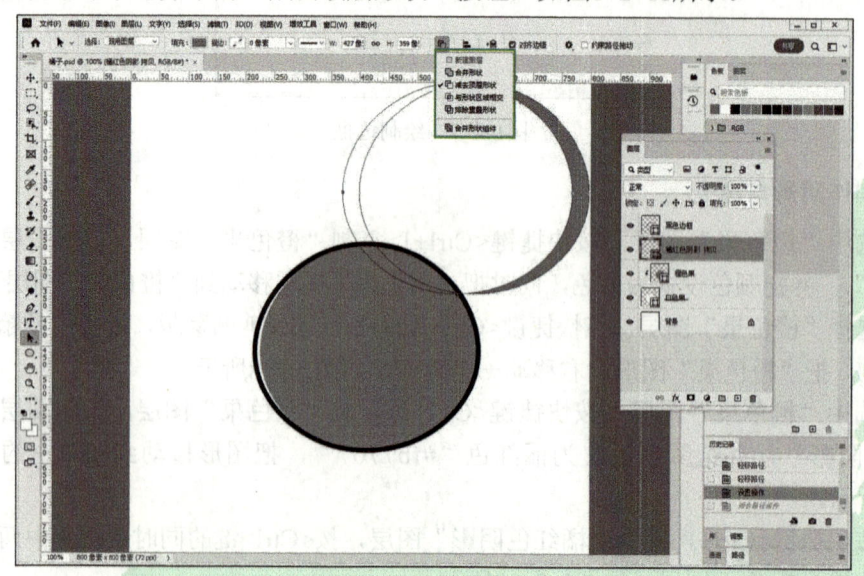

图1-2-11　布尔运算

项目1　插画设计

6）单击工具属性栏中布尔运算中的"合并形状组件"按钮，把得到的形状移动到"橙色果"图形位置，如图1-2-12所示。

7）选择"椭圆工具" ，按住<Shift>键，拖动鼠标绘制两个大小不同的圆，颜色填充成白色，并把图层名重命名为"白色高光"，如图1-2-13所示。

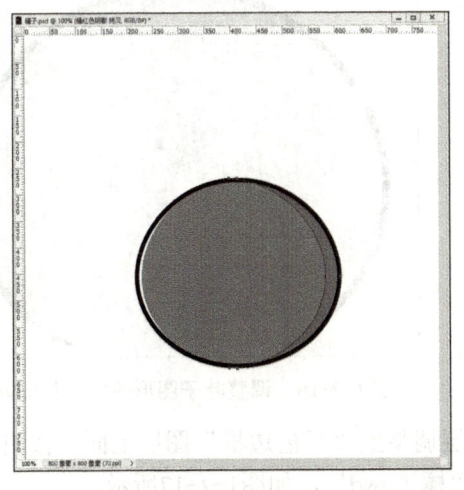

图1-2-12　完成阴影绘制　　　　图1-2-13　绘制高光

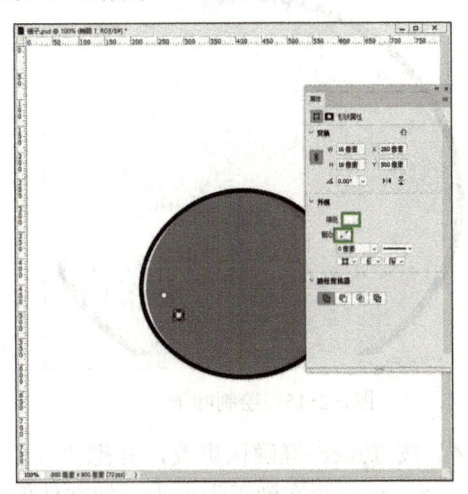

3. 制作叶柄与叶子

1）选择工具箱中的"矩形工具" ，按快捷键<Ctrl++>放大画布，拖动鼠标绘制矩形（在拖动鼠标的同时，按住<空格>键可自由移动图形位置），把矩形四个角的半径都改成6像素，填充颜色设置为绿色"#36630a"，描边颜色设置为黑色，2像素，把图层重命名为"叶柄"，如图1-2-14所示。

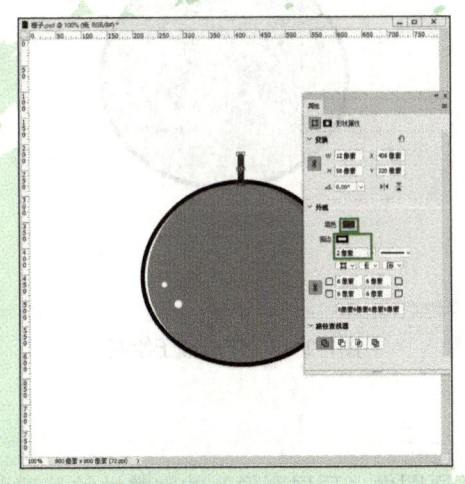

图1-2-14　绘制叶柄

2）选择"椭圆工具" ，按住<Shift>键，拖动鼠标绘制一个圆形，填充颜色设置为绿色"#36630a"，描边颜色设置为黑色，2像素，选择工具箱中"直接选择工具" ，调整图形形状，把图层重命名为"叶子"，如图1-2-15所示。

3）按快捷键<Ctrl+T>，调整叶子图形的大小，并旋转到合适的位置，如图1-2-16所示。

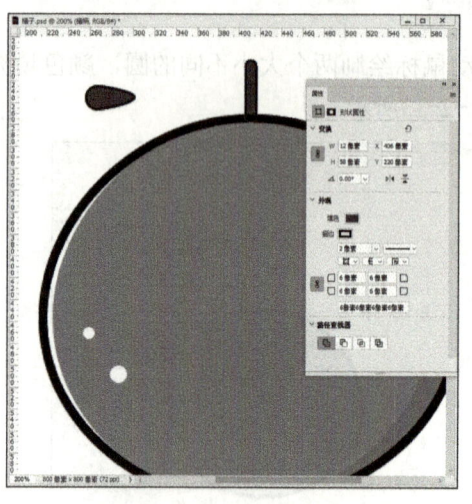

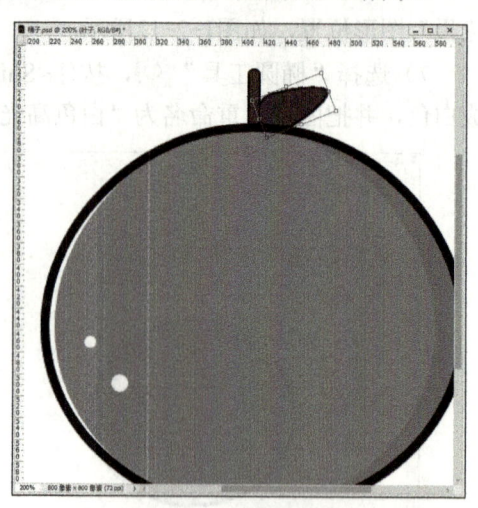

图1-2-15　绘制叶子　　　　　　　　　图1-2-16　调整叶子图形的大小和位置

4）按<Enter>键确认更改，并把"叶子"图层调整到"黑色边框"图层上面，按快捷键<Ctrl+->，缩小画布到正常大小，把文件保存为"橘子.psd"，如图1-2-17所示。

图1-2-17　完成橘子绘制

任务小结

图层剪贴蒙版在不破坏原图像（顶层图像）的完整性的基础上，可以实现一对一或一对多的屏蔽效果。利用布尔运算可以快速制作复杂的图形效果。

任务拓展

利用椭圆工具、矩形工具和自由变换命令制作灯笼，效果如图1-2-18所示。

项目1　插画设计

图1-2-18　灯笼效果图

扫码看视频

操作提示：

1）打开Photoshop 2022软件，新建800×800像素白色背景的文档，拖出辅助线，选择"椭圆工具"，画一个大小合适的椭圆，填充颜色设置为红色"#dd201c"，描边为无，选择工具箱中"路径选择工具"，把椭圆移动到画布中间位置，把图层重命名为"灯笼身"。

2）选择"矩形工具"，绘制一个矩形，填充颜色设置为黄色"#f7921f"，描边为无，把矩形四个角的半径设置成25像素，把图层移动到"灯笼身"图层下面，重命名为"灯笼罩"，按快捷键<Ctrl+T>，调整"灯笼罩"图形的大小和位置，如图1-2-19所示。

3）选择"矩形工具"，绘制一个矩形，把矩形四个角的半径设置成2像素，填充颜色为红色"#dd201c"，按快捷键<Ctrl+T>，调整图形的大小和位置，图层重命名为"提手"，把该图层调整到"灯笼罩"图层下方。

4）按快捷键<Ctrl+J>复制该图层，把颜色设置为黄色"#f7921f"，选择"路径选择工具"，把图形移动到灯笼下面，图层重命名为"灯穗1"。

5）选择"矩形工具"，绘制一个大小合适矩形，取消链接，把矩形上面两个角的半径设置为10像素，把颜色设置为黄色"#f7921f"，图层重命名为"灯穗2"。

6）选中"灯笼身"图层，按快捷键<Ctrl+J>复制该图层，图层重命名为"线条"，填充颜色为无，描边颜色为黄色"#f7921f"，3像素，按快捷键<Ctrl+T>，再按住快捷键<Shift+Alt>拖动鼠标两边等比例缩放图形，如图1-2-20所示。

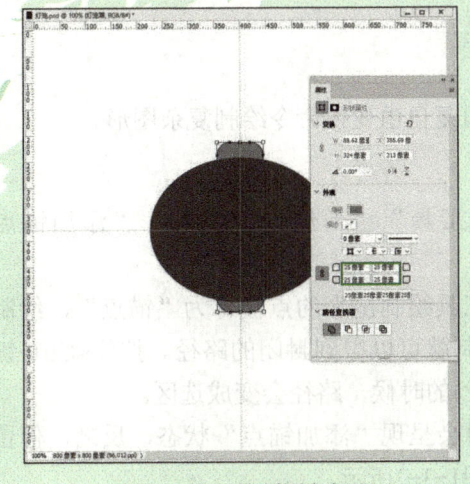

图1-2-19　绘制圆角矩形　　　　　　图1-2-20　绘制灯笼线条

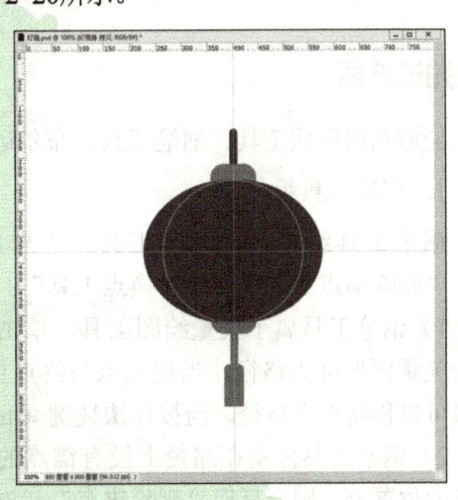

17

7）参考步骤5），完成其他线条的制作，保存文件为"灯笼.psd"。

任务3　绘制风景插画

任务描述

国庆即将来临，青年旅行社计划做一期宣传推广，让大家外出饱览祖国的大好河山。这次宣传活动需要绘制一幅风景插画，以展示大自然的美丽和宁静。插画应该包括山脉、风力发电机、房屋和天空等元素。本任务主要是使用布尔运算制作云彩，矩形工具配合自由变换命令绘制房子，利用变形命令完成风力发电机的制作，利用钢笔工具配合矩形工具完成山丘的制作，本任务完成效果如图1-3-1所示。

图1-3-1　风景插画效果

扫码看视频

知识技能

能够利用形状工具、钢笔工具、布尔运算、重复自由变换命令绘制复杂图形。

1. 钢笔工具组

钢笔工具组包括"钢笔工具""自由钢笔工具""弯度钢笔工具""添加锚点工具""删除锚点工具"和"转换点工具"。

1）钢笔工具属于矢量绘图工具，单击钢笔工具绘制出来的点被称为"锚点"，绘制出来的矢量图形称为路径，当把起点与终点重合绘制就可以得到封闭的路径。按住<Ctrl>键的时候可以移动整个路径，当按住快捷键<Ctrl+Enter>的时候，路径会变成选区。

2）钢笔工具停留在路径上没有锚点的地方时会呈现"添加锚点"状态，反之，停留在锚点的位置上，则会呈现"删除锚点"状态，如图1-3-2所示。

项目1　插画设计

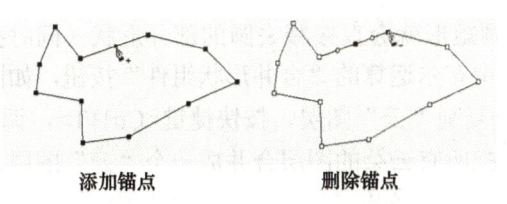

添加锚点　　　　删除锚点

图1-3-2　添加、删除锚点

2. 重复自由变换

<Ctrl+Shift+Alt>（重复自由变换）快捷键是经常要用到的，可以针对图层、路径进行操作，如图1-3-3所示。需要注意的关键点是，在前期使用旋转时，确定好旋转中心点的位置。

1）快捷键<Ctrl+T>：自由变换。

2）快捷键<Ctrl+Alt+T>：复制一次，自由变换。

3）快捷键<Ctrl+Shift+T>：再次变换。

4）快捷键<Ctrl+Shift+Alt+T>：复制一次，再次变换。

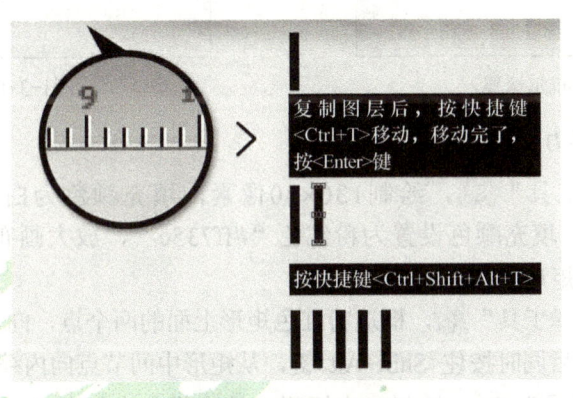

图1-3-3　重复自由变换

任务实施

1. 绘制背景

1）新建800×800像素，分辨率72，填充颜色为灰色"#f7fcff"的文档，选择工具箱中的"椭圆工具"，在画布内单击鼠标左键，绘制400×400像素的圆，填充颜色为浅蓝色"#d2effd"，描边颜色为无，调整圆的位置在画布正中间，把图层重命名为"背景圆"。

2）选择"椭圆工具"，绘制80×80像素的圆，填充颜色为深黄色"#ffaa3d"，图层重命名为"太阳"，接着绘制80×80像素的圆，填充颜色为白色，图层重命名为"云"，如图1-3-4所示。

3）选择工具箱中"路径选择工具"，选中白色圆所有锚点，然后在按住<Alt>键的情况下，选择"矩

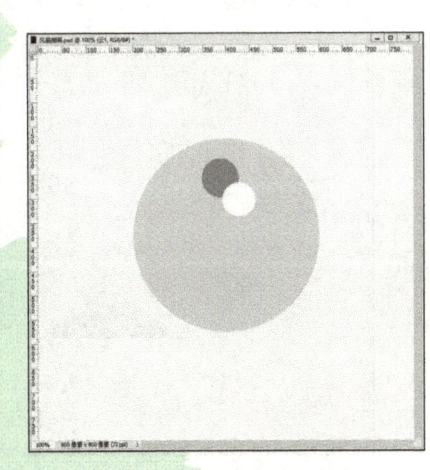

图1-3-4　绘制背景、太阳

形工具"■,在白色圆上画矩形就会直接减去圆的部分形状(同时按住<空格>键可移动矩形位置),单击工具属性栏中布尔运算的"合并形状组件"按钮,如图1-3-5所示。

4)按快捷键<Ctrl+J>复制"云"图层,按快捷键<Ctrl+T>,调整图形的大小和位置,同样方法绘制出其他云朵,把所有云朵的图层合并成一个"云"图层,如图1-3-6所示。

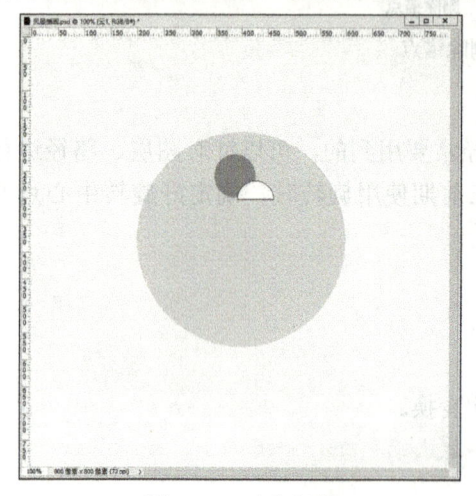

图1-3-5　布尔运算　　　　　　　　　　　图1-3-6　绘制云

2. 绘制房子和风力发电机

1)选择"矩形工具"■,绘制130×40像素,填充颜色为白色的矩形,按快捷键<Ctrl+J>复制该图层,填充颜色设置为粉红色"#ff735c",放大画布,选择"路径选择工具"▶,移动粉红色矩形到白色矩形上面。

2)选择"直接选择工具"▶,框选粉红色矩形上面的两个点,向上拖动鼠标扩展图形,按快捷键<Ctrl+T>,然后同时按住<Shift+Alt>键,从矩形中间节点向内缩放,如图1-3-7所示。

3)选择"矩形工具"■,绘制一个矩形,填充颜色为红色"#fb644b",作为房子的门。选中所有的矩形图层,按快捷键<Ctrl+G>创建图层组,重命名为"房子",如图1-3-8所示。

图1-3-7　绘制房子主体　　　　　　　　　图1-3-8　绘制门

项目1　插画设计

4）选择"椭圆工具"，绘制一个12×12像素的圆形，填充颜色为黄色"#f7921f"，选择"矩形工具"，绘制15×140像素的矩形，填充颜色为白色，执行"编辑"→"变换路径"→"变形"命令，调整矩形成塔架形状，如图1-3-9所示。

图1-3-9　绘制塔架

5）选择"矩形工具"，绘制15×100像素的矩形，填充颜色为白色，执行"编辑"→"变换路径"→"变形"命令，调整矩形成扇叶形状，按快捷键<Ctrl+Alt+T>，在工具属性栏中勾选切换参考点选项，切换参考点到矩形下边中间点，复制角度为120°，接着按快捷键<Ctrl+Shift+Alt+T>重复复制，完成风力发电机的制作，选中相关图层，按快捷键<Ctrl+G>创建图层组，重命名为"风力发电机"，如图1-3-10所示。

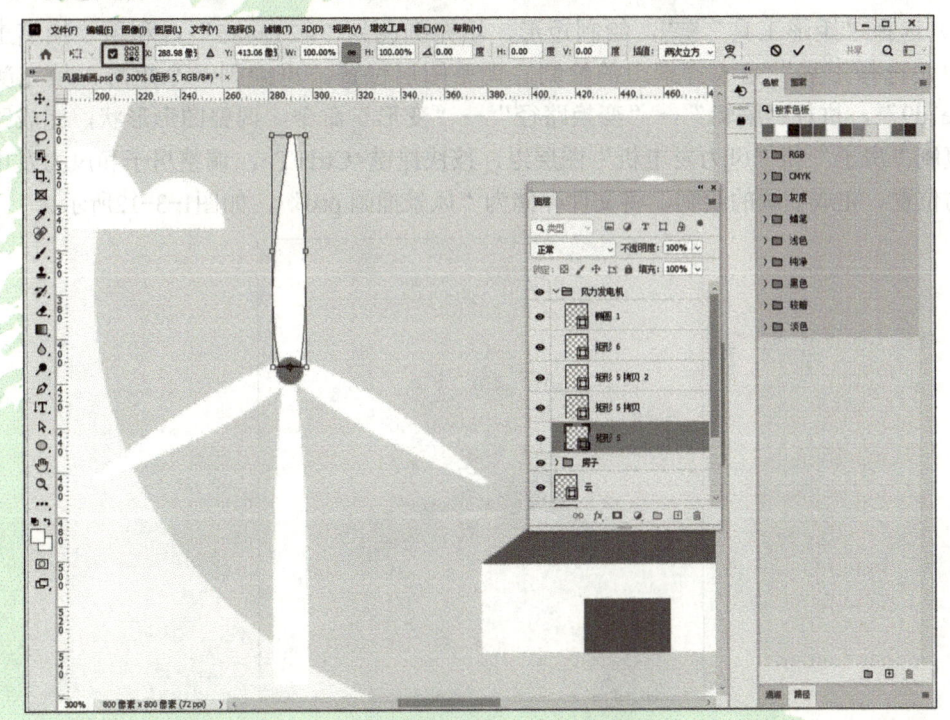

图1-3-10　绘制风力发电机

3. 绘制山和路

1）选择"矩形工具"，绘制矩形，填充颜色为"#a5efea"，选择工具箱中"钢笔工具"，在矩形上边增加3个节点，删除两端节点，选择"直接选择工具"，分别选中上面的三个节点，用鼠标控制节点进行上下左右调整，完成山的绘制，如图1-3-11所示。分别选中"房子"和"风力发电机"图层组，选择"移动工具"，在工具属性栏中选择"组"，调整房子和风力发电机的位置。

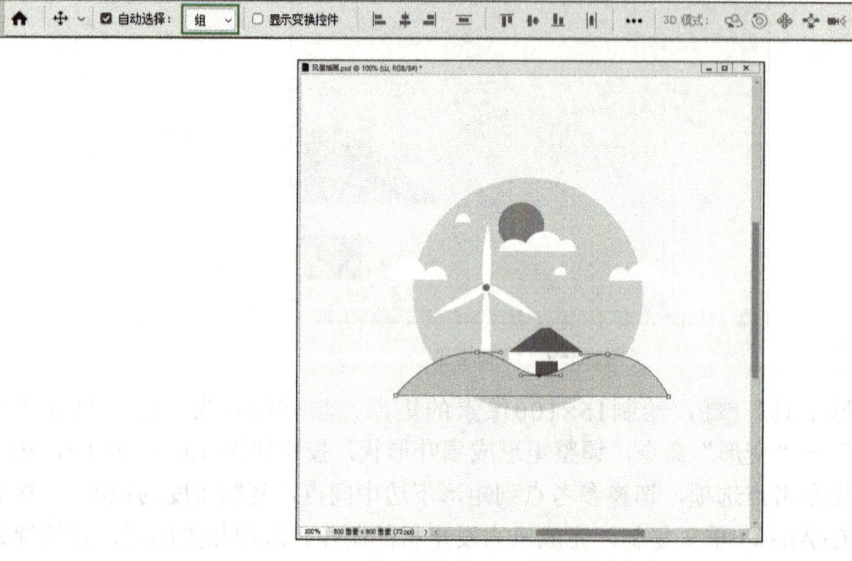

图1-3-11　绘制前景山

2）选择"矩形工具"，绘制矩形，填充颜色为"#21aea5"，利用"钢笔工具"和"直接选择工具"完成背景山的绘制。调整图层位置。再绘制一个矩形，填充颜色为"#61e1d9"，执行"编辑"→"变换路径"→"变形"命令，调整图形形状，完成路的绘制，复制"房子"和"风力发电机"图层组，按快捷键<Ctrl+T>，调整房子和风力发电机的大小与位置。完成插画的绘制，将文件存储为"风景插画.psd"，如图1-3-12所示。

图1-3-12　最终完成效果

项目1　插画设计

🕐 任务小结

在绘制插画时，通常运用布尔运算绘制复杂图形，利用钢笔工具对规则图形进行调整以获得需要的图形形状，运用自由变换和重复变换命令可以快速完成图形的调整。

🌑 任务拓展

利用矩形工具、椭圆工具、直接选择工具制作"城市景观插画"，如图1-3-13所示。

扫码看视频

图1-3-13　城市景观插画

操作提示：

1）新建1000×500像素，分辨率72像素的文档。利用"油漆桶工具"填充颜色为"#afd4d2"，选择"椭圆工具"绘制正圆，填充颜色为"#f3f6e0"，重命名为"太阳"。选择"椭圆工具"，运用布尔运算绘制云朵，填充颜色为"#e1efee"，复制并调整合适的大小摆放合并图层，重命名该图层为"云"。选择"矩形工具"，绘制1000×100像素矩形，填充颜色为"#7c979e"，调整位置，重命名为"马路"，绘制50×10像素矩形，四个角的半径为5像素，填充颜色为白色的矩形，重复变换，重命名为"斑马线"，完成马路绘制。绘制的背景如图1-3-14所示。

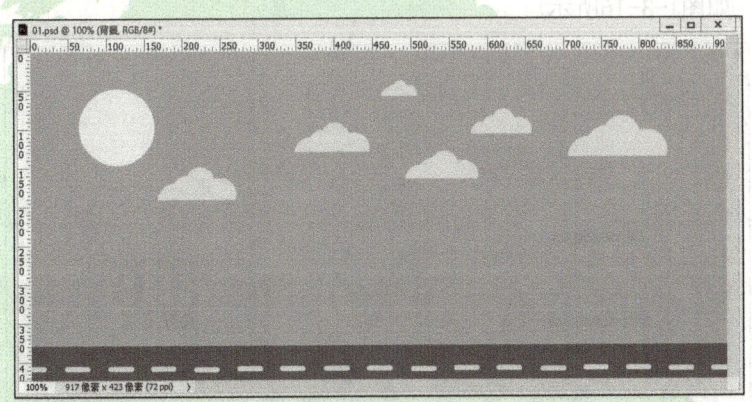

图1-3-14　绘制背景

2）选择"三角形工具"，绘制山体，选择"直接选择工具"，把三角形改成直角三角形，绘制一个直角三角形后，复制一个直角三角形并水平翻转后，分别填充"#b9c3c9""#95a3ad"两种颜色。选择"三角形工具"△，绘制白色山顶，按快捷键<Ctrl+G>创建图层组，重命名为"山"，复制图层组"山"调整合适的大小并摆放。

3）选择"椭圆工具"○，运用布尔运算绘制树叶，复制树叶并水平翻转后，分别填充"#3c45f""#89b150"两种颜色，选择"矩形工具"□绘制树干，填充颜色为"#85685d"，创建图层组，重命名为"树"，复制图层组"树"调整合适的大小并摆放，如图1-3-15所示。

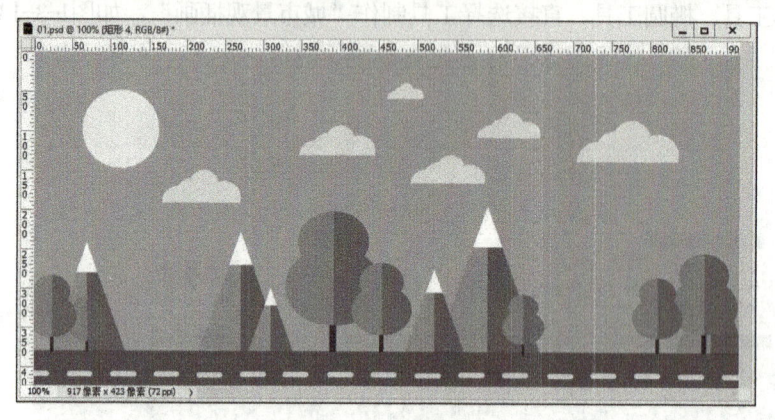

图1-3-15　绘制景观

4）选择"矩形工具"□绘制左边楼体，分别填充"#f2ab41""#684e43"两个颜色。选择"矩形工具"□绘制窗户，分别填充"#ffffff""#684e43"两种颜色，调整大小，创建图层组，重命名为"窗"，选择"移动工具"✥，按住<Alt+Shift>键复制全部窗户。选择"矩形工具"□绘制拱门，创建图层组，重命名为"左边楼"。选择"矩形工具"□绘制右边楼体分别填充"#f2ab41""#896e64"两种颜色，选择"矩形工具"□绘制窗户，分别填充"#ffffff""#684e43"两种颜色，创建图层组。选择"矩形工具"□绘制拱形窗户，填充"#664c41"颜色，调整大小后，复制全部窗户。选择"矩形工具"□绘制白色腰线，创建图层组，重命名为"右边楼"。

5）复制植物图层，调整图层顺序，把植物放在建筑前面，调整整体效果，完成城市景观插画的绘制，如图1-3-16所示。

图1-3-16　城市景观插画

项目2　图片美化设计

图片美化设计的应用涉及广告设计、印刷媒体、社交媒体、网页设计等行业。图片美化设计可以将个人拍摄照片按照一定规定参数制作成证件照；可以将一张彩色照片转换成黑白照片或者添加其他特效，让照片呈现不同风格；也可以将旧照片进行修复，恢复旧照片的原貌。

图片美化设计是图像处理的应用操作，可以对图像添加艺术效果，使得图像符合各种设计场景需求，如色彩模式变换、色彩饱和度调整；也可以对图像添加滤镜，提升图片的美观度和吸引力，使其更好地适应广告设计、网页设计、社交媒体和印刷媒体等领域的需求。

知识目标

- 了解图片美化设计中常用的色彩模式。
- 了解常用的抠图方法。

技能目标

- 熟练掌握套索工具的使用。
- 掌握模糊滤镜的设置方法。
- 掌握色阶、曲线、亮度、对比度、曝光度等设置。
- 掌握修复画笔、仿制图章、修补工具以及红眼工具的使用。

素养目标

- 培养设计审美观。
- 能够发现生活中的美。

任务1　改变小鸟颜色

任务描述

飞翔设计广告公司是一家专业的平面广告设计公司，承接平面广告设计、品牌设计、印刷等业务，该公司近期要为某风景区制作宣传画册。本任务是制作一张景区宣传照片，主要通过色彩模式、色相饱和度、色彩平衡调整，再配合使用路径抠图以及蒙版将一幅图像中的指定物体移动到另一幅图像上，从而达到图像合成以及美化的效果。景区宣传图片如图2-1-1所示。

图2-1-1　景区宣传图片

知识技能

学会利用色彩调整以及路径抠图进行图像处理，完成简单的图像美化设计。

1. 色彩模式

色彩模式是指数字图像中像素的颜色表示方式。它决定了图像中可用的颜色范围和每个像素所占据的位数。根据不同的应用场景需求，可以选择不同的色彩模式。在Photoshop 2022中可以通过单击菜单栏的"图像"命令进入模式菜单，进行色彩模式调整。

（1）RGB模式

RGB模式使用红色（Red）、绿色（Green）、蓝色（Blue）三原色来表示图像的颜色。它是常用的色彩模式之一，适用于显示屏幕上的图像，如网页设计、数字摄影等。在RGB模式下，每个像素由三个通道的数值组成，分别表示红、绿、蓝三原色的亮度值，这些值可以在0～255之间变化。

（2）CMYK模式

CMYK模式使用青色（Cyan）、品红（Magenta）、黄色（Yellow）和黑色（Black）四种颜色的油墨来表示图像的颜色。它是印刷行业常用的色彩模式，适用于印刷品的制作。在CMYK模式下，每个像素由四个通道的数值组成，分别表示四种墨色的百分比，根据这些墨色的组合可以得到所需的色彩。

（3）灰度模式

灰度模式是一种灰度图像表示方式，只使用黑色和白色来表示图像的强度和明暗。它常用于黑白摄影、图像转换为线描图等场景。在灰度模式下，每个像素只有一个通道的数值，表示灰度强度。

（4）Lab模式

Lab模式是一种基于人眼感知的颜色表示方式，它将亮度（L）和颜色（a和b）分开表示。L通道表示亮度信息，通道a和通道b则表示从绿色到红色和从蓝色到黄色的变化。Lab模式非常适合进行颜色校正和图像编辑。

（5）其他模式

除了上述常见的模式外，Photoshop 2022还提供了一些特殊的色彩模式，如索引颜色模式（用于减少文件大小和限定调色板）、多通道模式（用于处理特殊效果和通道分离）等。这些模式适用于特定的图像处理需求，视具体情况选择使用。

不同色彩模式在色板上的对比如图2-1-2所示。

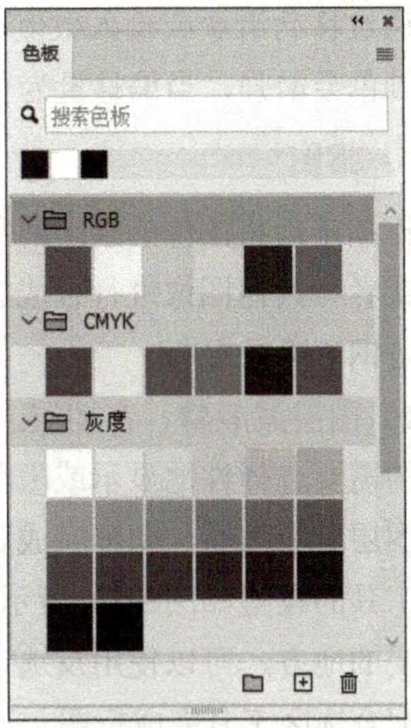

图2-1-2　不同色彩模式在色板上的对比

2. 色相/饱和度

色相（Hue）是指图像中颜色的属性，决定了图像的整体色调。饱和度（Saturation）表示颜色的纯度和鲜艳程度，决定了颜色的强度。通过调整色相和饱和度，可以改变图像的色彩效果，使其更加生动或柔和。在Photoshop 2022中可以通过单击"图像"→"调整"→"色相/饱和度"选项进行设置。

1）色相的默认值为0，取值范围为-180～180，当取值为0时，图像的颜色不发生变化；移动滑块，当色相取值为正数时，图像的整体颜色基调趋向暖色调；当色相取值为负数时，图像的整体颜色基调趋向冷色调。

例如，色相取值为90时，图像中的红色会更加鲜艳，整体趋向橙色；色相取值为-60时，图像的蓝色更加突出，同时向绿色靠拢。

2）饱和度的默认值为0，取值范围为-100～100；当饱和度取值为-100时，图像整体呈现黑白灰；当饱和值取值为100时，图像整体会非常鲜艳。

3）明度是调整图像的明暗程度，取值为正数时，亮度增加；取值为负数时，亮度减少。

3. 色彩平衡

色彩平衡是Photoshop 2022中调整图像色彩分布的工具，可以改善指定图像的色彩分布，能够使图像的颜色更加饱满和平衡，其中有阴影、中间调、高光三个选项。

1）阴影是指图像中较暗的区域，通常位于光源照射不到的部分。通过调整阴影色彩平衡，可以改变图像中阴影区域的颜色和色调。例如，增加阴影中的蓝色可以增强图像的冷色调，而增加阴影中的黄色可以增强图像的暖色调。

2）中间调是介于阴影和高光之间的区域，具有中等的亮度。调整中间调的色彩平衡可以改变图像的整体色彩饱和度和对比度。例如，增加中间调中的红色可以使图像的红色更加鲜艳。

3）高光是指图像中较亮的区域，通常是受到直接光源照射的部分。通过调整高光的色彩平衡，可以改变图像中高光区域的颜色和色调。例如，增加高光中的绿色可以使图像中的绿色更加丰富。

通过移动滑块或输入数值可以调整对应的颜色偏移量。当偏移量为正数时，对应亮度区域的颜色会增强，当偏移量为负数时，对应亮度区域的颜色会减弱。

4. 抠图

抠图是指将图像的某个对象从背景中分离出来，形成一个独立的图层，以便进行编辑、调整或者与其他图像进行合成。这里主要介绍两种常用的抠图方法，一种是图层蒙版抠图，一种是钢笔路径抠图。

1）图层蒙版，在图层上创建一个掩膜，通过控制图层的可见性和透明度，可以根据实际的需要选择性地显示或隐藏图像的不同部分。在图层窗口选中要添加蒙版的图层，单击添加图层蒙版按钮，即可完成蒙版添加，之后配合画笔工具（黑色）对主体区域进行涂抹。画笔工具的设置如图2-1-3所示。画笔常用属性见表2-1-1。请注意，如果错误地涂抹了一些不需要的地方，可以使用反选工具切换涂抹颜色为白色，再对错误的部分进行去除，完成涂抹后配合选区工具完成抠图，过程如图2-1-4所示。

图2-1-3　画笔工具的设置

表2-1-1　画笔常用属性

大小	控制绘制出的线条或者形状的粗细程度
硬度	绘制出的线条或形状的边缘是否柔和。如果硬度设置为100%，绘制出的线条或形状的边缘会非常锐利；如果硬度设置为0%，绘制出的线条或形状的边缘会非常柔和
不透明度	控制绘制出的线条或形状的透明度程度。通过调整不透明度，可以控制绘制出的线条或形状的可见程度。较低的不透明度值会使绘制的线条或形状更加透明，而较高的不透明度值会使绘制的线条或形状更加不透明
流量	控制绘制过程中的渐变过程，即绘制的颜色逐渐从透明变为不透明。通过调整流量参数，可以控制绘制过程中颜色的渐变速度和透明度的变化。较低的流量值会使绘制的颜色透明度变化较慢，而较高的流量值会使绘制的颜色透明度变化较快
角度	绘制出的线条或形状的方向。通过调整角度参数，可以改变绘制的线条或形状的方向，从而实现更多样化的效果

2）路径抠图，主要是通过钢笔工具在需要抠图的区域添加锚点，将锚点连接成闭合路径，然后将路径转换为选区，并将选区内容进行复制，最终实现抠图效果。

任务实施

1. 打开素材

启动Photoshop 2022，分别打开"小鸟素材""景区背景"素材，使用移动工具将"景区背景"素材拖到"小鸟素材"图像当中。

图2-1-4　画笔工具涂抹

项目2　图片美化设计

2. 调整图片大小

执行"编辑"→"自由变换"命令（快捷键<Ctrl+T>），按<Shift>键等比例缩小图片，将"景区背景"大小调整至与"小鸟素材"大小一致。并将"景区背景"图层置于"小鸟素材"图层0上面，然后将"景区背景"暂时隐藏。

3. 调整图片色相/饱和度

在图层窗口，选中图层0，单击菜单栏"图像"按钮，选中"调整"命令，在"调整"二级菜单选中"色相/饱和度"（快捷键<Ctrl+U>），打开色相/饱和度窗口，如图2-1-5所示，将色相调整为26，饱和度调整为-90，明度调整为10，小鸟颜色效果逐渐趋向目标图像颜色，效果如图2-1-6所示。

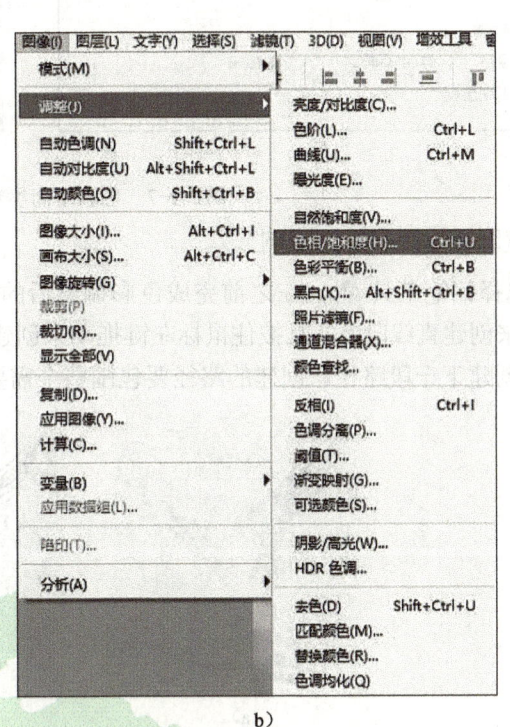

图2-1-5　打开色相/饱和度窗口

图2-1-6　色相/饱和度参数设置

4. 调整图片色彩平衡

单击菜单栏"图像"按钮，选中"调整"命令，在"调整"二级菜单选中"色彩平衡"（快捷键<Ctrl+B>），打开色彩平衡窗口，色彩平衡选中中间调，色阶参数调整为5、13、-3，小鸟的颜色效果调整完毕，如图2-1-7所示。

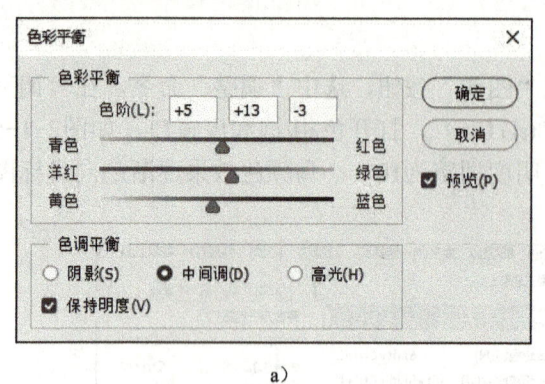

a)　　　　　　　　　　　　　　　　b)

图2-1-7　色彩平衡参数设置

5. 抠图（以路径抠图为例）

1）选择钢笔工具，在之前完成色彩调整后的图像中进行路径创建，基本操作是单击鼠标左键来创建直线段，并且按住鼠标左键拖动来创建曲线段。创建完一段路径后，再次单击鼠标左键创建下一段路径。创建的路径要包围整个需要抠图的物体，如图2-1-8所示。

a)　　　　　　　　　　　　　　　　b)

图2-1-8　路径创建

2）选中路径单击鼠标右键，在弹出的菜单栏选择"建立选区"，并在弹出的"建立选区"窗口中按"确定"按钮，如图2-1-9所示。

a)　　　　　　　　　　　　　　　　b)

图2-1-9　选区建立

项目2　图片美化设计

3）建立选区后，使用快捷键<Ctrl+J>复制选区图像，完成小鸟抠图，并打开"景区背景"图层的可见按钮，此时"景区背景"图层覆盖了小鸟抠图，调整图层顺序，输出文件进行保存，最终效果如图2-1-10所示。

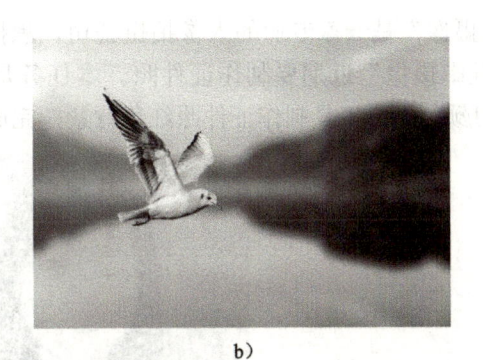

a)

b)

图2-1-10　最终效果

🔔 任务小结

在图片美化的各类工具中，色彩模式、色相/饱和度、色彩平衡是基础的色彩调整工具，抠图是基本的操作方法。本任务主要学习利用色彩调整工具进行图片颜色调整，并通过图层蒙版或路径完成图片对象的抠图。

🌐 任务拓展

利用色彩调整工具和抠图方法，改变人像头发的颜色，如图2-1-11所示。

1）导入"人像摄影"素材，将背景图层转换为普通图层。

2）在工具箱选择钢笔工具，在人物头发区域用钢笔工具创建锚点，并生成选区，选区羽化2像素。

3）复制头发选区，完成头发区域抠图，在新建的头发图层进行色相/饱和度调整，色相-7，饱和度+13，明度+3。

4）调整色彩平衡，色阶参数调整为8、1.4、232，默认为"中间调"色彩模式。

5）可以重复步骤2）、步骤3），将部分还没完成调整的头发区域进行调整。

6）保存"人像摄影"图片文件。

扫码看视频

a)　　　　b)

图2-1-11　头发颜色效果

31

Photoshop平面设计基础

任务2　设计红底证件照

🌿 任务描述

"魅影摄像"是一家专业的人像拍摄公司，承接各种风格和主题的人像拍摄及图像处理业务，"魅影摄像"近期要制作证件照。本任务是制作证件照，主要通过套索工具进行抠图，并使用颜色填充工具制作证件照红色背景，完成效果如图2-2-1所示。

图2-2-1　证件照效果图

扫码看视频

🌿 知识技能

学会利用套索工具进行图像抠像并进行颜色处理，完成简单的证件照制作。

1. 套索工具组

套索工具组是Photoshop 2022中较为强大的选择工具组，用于选择指定图像的区域。它包含套索工具、多边形套索工具以及磁性套索工具，用户可以根据具体的图像特点和需求来选择合适的套索工具。在工具箱中单击 ♀ 进行工具的切换。

（1）套索工具

该工具是最基本的区域选择工具，用户可以通过单击并拖动鼠标来手动选择区域，这个工具适用于简单的选择操作。单击工具箱套索工具 ♀ 图标可以进行该模式的选择，按住鼠标左键进行区域绘画，直至形成闭合区域，松开鼠标左键生成选区，如图2-2-2所示。

（2）多边形套索工具

该工具适用于具有简单形状的区域选择的工具。单击套索工具 ▽ 使用多边形套索工具，用户可以通过单击鼠标来创建直线段，创建一个多边形选择区域。用户可以通过按<Enter>键或双击鼠标来完成选择。这个工具非常适合选择不规则的图像区域。多边形套索工具的使用如图2-2-3所示。

（3）磁性套索工具

该工具可以根据图像颜色以及对比度的变化来辅助用户完成区域选择。在使用磁性套索

项目2　图片美化设计

工具 时，只需单击一次鼠标并拖动，工具会自动沿着边缘"吸附"并创建一个完整的选择区域。用户可以通过按下<Enter>键或双击鼠标来完成选择。磁性套索工具非常适合选择具有复杂边缘的图像区域。磁性套索工具的使用如图2-2-4所示。

a)　　　　　　　　　　　b)

图2-2-2　套索工具的使用

a)　　　　　　　　　　　b)

图2-2-3　多边形套索工具的使用

图2-2-4　磁性套索工具的使用

2. "选择并遮住"

"选择并遮住"是Photoshop 2022中在建立选区后进行精确调整图像边缘的工具，在之前的软件版本中称为调整边缘，如图2-2-5所示。边缘调整选项如图2-2-6所示。

图2-2-5　"选择并遮住"按钮所在工具栏

1）半径：半径选项决定了选择区域边缘的锐利程度。较大的半径值将选择更多的相似像素，而较小的半径值将选择更少的像素。默认值为0，取值范围为0～250。

2）平滑：平滑选项用于在选择边界附近创建平滑的过渡效果，使图像选择看起来更自然。用户可以在工具选项栏中找到平滑参数，并通过拖动滑块或手动输入数值来调整。默认值为0，取值范围为0～100。

3）羽化：羽化选项用于创建一个渐变效果，使得选择区域的边缘和周围的图像过渡更加自然，可以通过增大羽化值使过渡更加柔和，或者减少羽化值使过渡更加明显。默认值为0，取值范围为0～1000。

4）对比度：对比度选项用于调整图像选择的明暗对比度水平。较高的对比度值将增强选择的边缘，较低的对比度值将使

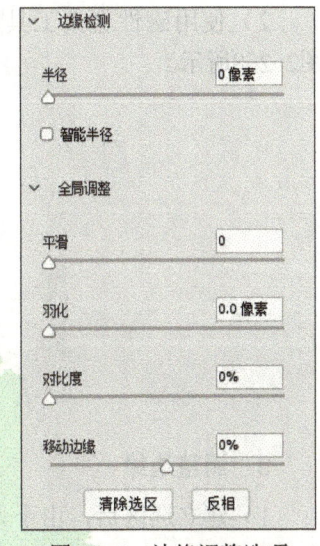

图2-2-6　边缘调整选项

选择更平滑。用户可以在工具选项栏中找到对比度参数，并通过拖动滑块或手动输入数值来调整。默认值为0%，取值范围为0%～100%。

5）移动边缘：移动边缘选项用于微调图像选择的边界位置。用户可以在工具选项栏中找到移动边缘参数，并通过拖动滑块或手动输入数值来调整。默认值为0%，取值范围为-100%～100%。

任务实施

1. 打开素材

启动Photoshop 2022，打开"证件照"素材，如图2-2-7所示。在图层窗口双击背景图层，将其转换为普通图层。

图2-2-7　移动素材图片

2. 区域选择

1）选中图层0，在工具栏中选择磁性套索工具。

2）使用磁性套索工具沿人像边缘移动同时生成锚点，最后闭合路径生成选区，如图2-2-8所示。

图2-2-8　闭合路径，建立选区

3. 调整边缘

1）建立选区后，由于人像的身体没有完全选中，所以在磁性套索工具栏单击"选择并遮住"按钮，进入选区边缘调整界面，如图2-2-9所示。

项目2　图片美化设计

图2-2-9　"选择并遮住"按钮

2）调整半径参数为7像素，平滑为1，移动边缘为60%，直至人像身体完全显示，按"确定"按钮，如图2-2-10所示。

图2-2-10　边缘参数调整

4. 颜色填充

单击"选择"菜单栏，按快捷键<Shift+Ctrl+I>进行选区反选，双击拾色器 图标的前景色打开拾色器（前景色）窗口，将前景色设置为红色，并按快捷键<Alt+Delete>进行填充，最终效果如图2-2-11所示。

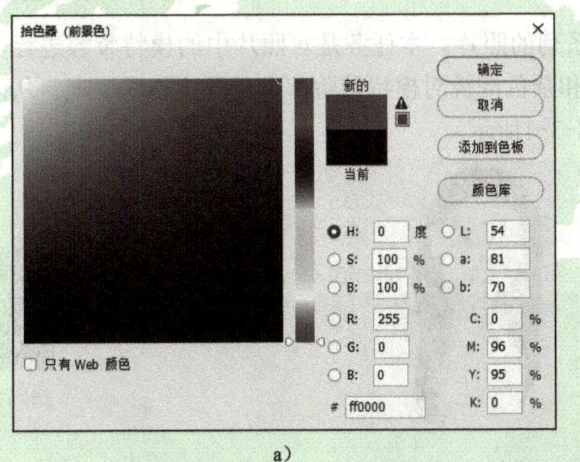

图2-2-11　最终效果

任务小结

在人像照片设计的过程中，套索工具是基础的抠图工具之一，边缘调整是基本的精细化调整选区边缘的操作方法。本任务主要学习利用套索工具和边缘调整进行人像抠图，并通过颜色填充工具进行背景颜色填充，最终达到"证件照"的完成效果。

任务拓展

利用套索工具制作结婚登记照，效果如图2-2-12所示。
1）导入"结婚登记照"素材，将背景图层转换为普通图层。
2）选择磁性套索工具，沿人物边缘区域移动创建锚点并形成闭合路径，生成选区。
3）单击"选择并遮住"按钮，调整选区边缘参数，其中半径为2，平滑为1，移动边缘为30，让人物完全选中，按"确定"按钮。
4）复制选区，调整选区在画布的位置以及大小。
5）新建一个背景图层，使用红色填充。
6）保存"结婚登记照"图片文件。

a)

b)

扫码看视频

图2-2-12　结婚登记照效果

任务3　人物妆容美化

任务描述

"魅影人像"为某模特拍摄了一系列的照片。本任务是对照片中的模特妆容进行美化，祛除脸部的雀斑，主要通过模糊滤镜和杂色滤镜对模特的脸部进行磨皮祛斑处理，从而达到人物妆容美化的效果，完成效果如图2-3-1所示。

扫码看视频

图2-3-1　人物妆容美化效果

项目2　图片美化设计

知识技能

利用常用的模糊滤镜以及杂色滤镜对人像照片进行美化处理。

1. 色阶

模糊滤镜是Photoshop 2022中常用的一类滤镜，可以美化图像，为图像创建特殊艺术效果或者修复图像的缺陷，也可以为图像添加特定的柔和效果。其中常用的模糊滤镜有表面模糊、高斯模糊、动感模糊等。在Photoshop 2022中，可以通过单击菜单栏"滤镜"，进入模糊菜单，进行模糊滤镜选择。

1）表面模糊：表面模糊主要用于平滑所需要处理的图像表面上的噪点和细节。该滤镜会保留图像的整体结构，但会模糊图像的细节部分，以达到减少噪点和杂散的效果。其主要参数为半径和阈值。半径决定了模糊的程度，增加半径的数值可以加强模糊效果，减少半径的数值可以减弱模糊效果，可以不断调整半径的数值，直到达到满意的效果；阈值则决定了哪些区域将被模糊，较高的阈值意味着只有明显的颜色差异才会被模糊，而较低的阈值意味着即使是颜色差异较小的区域也会被模糊。

2）高斯模糊：高斯模糊是一种通过模糊图像来减少其细节和噪点的效果。它基于高斯函数，用户可以调整滤镜的半径以控制模糊程度，使得图像的细节变得柔和，半径越大，模糊的程度就越高。

3）动感模糊：动感模糊是一种通过模糊图像来呈现物体在运动中的轨迹效果。它通过模糊方向和模糊距离来模拟物体在图像上移动的效果。模糊方向（角度）决定了物体的移动方向，而模糊距离则决定了移动的距离。使用动感模糊可以制造出流畅的运动效果，使图像看起来更加动态。在参数设置方面，可以通过调整角度和距离来实现不同的视觉效果。

4）其他模糊滤镜：除了上述常用的模糊滤镜外，Photoshop 2022还提供了方框模糊、径向模糊、镜头模糊等。这些滤镜适用于特定的图像美化需求，视具体情况选择使用。

2. 杂色滤镜

杂色滤镜是一种特殊的模糊效果，在Photoshop 2022中，可以使用杂色滤镜工具通过添加或者减少噪点来模糊图像，并加强或降低色彩的细节和清晰度。在Photoshop 2022中，可以通过单击菜单栏"滤镜"→"杂色"选项进行设置。其主要有：减少杂色滤镜、蒙尘与划痕滤镜、去斑滤镜、添加杂色滤镜和中间值滤镜。

1）减少杂色滤镜：减少杂色滤镜是一种用于减少图像中颜色噪点和杂色的滤镜。它可以通过平滑颜色过渡、降低噪点的亮度和饱和度来改善图像的质量。在使用减少杂色滤镜时，可以通过调整滤镜的强度和平滑程度来获得最佳的效果。减少杂色滤镜有强度、保留细节、减少杂色以及锐化细节四个参数可以设置。强度用于控制所有图像通道的明亮度和杂色减少量。保留细节用于保留边缘和图像细节，如头发丝和纹理对象。如果值为100，则保留大多数细节，但会将明度杂色减至最少。减少杂色用于移除随机的颜色像素，值越小，则减少的颜色杂色就越少。锐化细节是对图像进行锐化，调整参数可以微调整体效果。

2）蒙尘与划痕滤镜：蒙尘与划痕滤镜是一种用于修复老照片或有损图像的滤镜。它可以识别并去除图像中的蒙尘、划痕以及其他细微的损坏。在应用蒙尘与划痕滤镜时，可以调整修复的程度和样式，以实现图像的修复和恢复。蒙尘与划痕滤镜是一种用于修复照片中蒙尘和划痕的工具。通过应用此滤镜，可以消除照片上的污点和刮痕，使图像更加清晰和美观。蒙尘与划痕滤镜有半径和阈值两个参数，半径设置决定了滤镜的作用范围，而阈值设置则决定了滤镜对于不同程度的蒙尘和划痕的敏感度。

3）去斑滤镜：检测图像的边缘（发生显著颜色变化的区域）并模糊除那些边缘外的所有选区。该滤镜操作会移去杂色，同时保留细节。

4）添加杂色滤镜：添加杂色滤镜是一种用于在图像中添加特殊效果和纹理的滤镜，它能够给图片添加一些随机的杂色点，并能将图中的因为羽化而造成的条纹消除。

5）中间值滤镜：中间值滤镜通过混合选区中像素的亮度来减少图像的杂色。此滤镜搜索像素选区的半径范围以查找亮度相近的像素，去掉与相邻像素差异太大的像素，并用搜索到的像素的中间亮度值替换。

任务实施

1. 打开素材

打开"人物妆容美化素材"素材，并双击背景图层转换为普通图层。

2. 建立脸部选区

选择快速选择工具 或者磁性套索工具 ，在模特边缘移动建立脸部选区，并复制图层，如图2-3-2所示。

图2-3-2　选区建立

3. 使用表面模糊

在图层窗口，选中图层1，单击菜单栏"滤镜"按钮，选中"模糊"，在"模糊"二级菜单选中"表面模糊"，半径设置为7，阈值设置为16，效果如图2-3-3所示。

4. 使用高斯模糊

在图层窗口，选中图层1，单击菜单栏"滤镜"按钮，选中"模糊"，在"模糊"二级菜单选中"高斯模糊"，半径设置为1.2，效果如图2-3-4所示。

项目2　图片美化设计

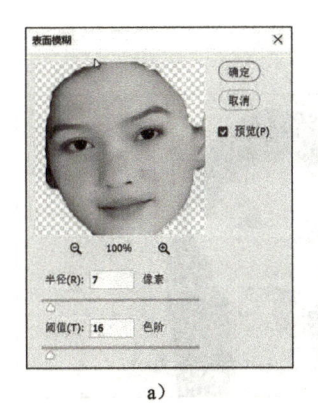

图2-3-3　表面模糊设置及效果

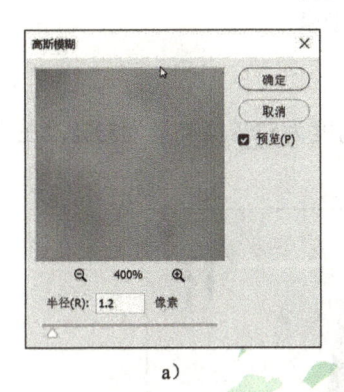

图2-3-4　高斯模糊设置及效果

5. 使用动感模糊

在图层窗口，选中图层1，单击菜单栏"滤镜"按钮，选中"模糊"，在"模糊"二级菜单选中"动感模糊"，角度设置为0，距离设置为12，效果如图2-3-5所示。

图2-3-5　动感模糊设置及效果

6. 使用杂色滤镜（以蒙尘与划痕为例）

在图层窗口，选中图层1，单击菜单栏"滤镜"按钮，选中"杂色"，在"杂色"二级菜单选中"蒙尘与划痕"，进一步对脸部进行磨皮处理，半径设置为2，阈值设置为26，效果如图2-3-6所示。

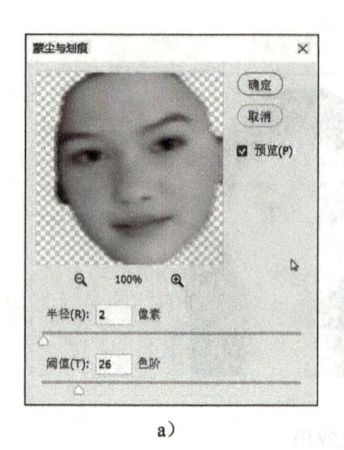

图2-3-6　杂色滤镜设置及效果

7. 五官刻画

在工具栏上选中历史记录画笔，设置画笔不透明度为52%，流量为55%，在模特五官上进行涂画，让五官清晰显示，效果如图2-3-7所示。

图2-3-7　涂画五官位置及效果

8. 最终效果

完成涂画后取消选区并保存文件，效果如图2-3-1所示。

任务小结

在人物妆容美化的各类工具中，模糊滤镜和杂色滤镜是基础的美化工具。本任务主要学习利用模糊滤镜和杂色滤镜对人物脸部进行局部调整，并通过调整各个滤镜的参数完成人物的美化，最终达到"人物妆容美化"的完成效果。

任务拓展

利用模糊和杂色滤镜为人像进行磨皮美化，效果如图2-3-8所示。
1）导入"扩展任务"素材，将背景图层转换为普通图层。
2）在工具箱选择磁性套索工具或快速选择工具，在人物脸部移动并生成选区。

扫码看视频

项目2 图片美化设计

3）复制脸部选区，使用表面模糊滤镜，设置半径为15，阈值为40。
4）使用高斯模糊，设置半径为3.4。
5）选择减少杂色滤镜，强度设置为10。
6）使用历史记录画笔对五官进行涂画。
7）保存"人像摄影"图片文件。

a)　　　　　　　　b)

图2-3-8　人像美化效果

任务4　制作风景图片

任务描述

飞翔设计广告公司为某景区拍摄了一系列的照片。本任务是对风景照原图素材进行美化处理，提高照片的质量和可观赏性。本任务主要通过图像调整工具中的色阶、曲线、亮度/对比度、曝光度、阴影/高光对景区照片进行处理，从而达到风景照片的美化效果，完成效果如图2-4-1所示。

扫码看视频

图2-4-1　风景照片美化效果

知识技能

学会利用色阶、曲线、亮度/对比度、曝光度、阴影/高光等图像调整工具对风景照片进行美化处理。

1. 色阶

色阶用于控制图像的暗部、中间调和亮部的色彩分布。Photoshop 2022的色阶调整可以通过调整黑点、中点和白点的位置，改变图像的整体对比度；其中黑点决定最暗的像素值，白点决定最亮的像素值，而中点影响中间调的对比度和明暗。

1）预设：用户可以使用系统自带参数或者已保存的色阶参数进行设置。

2）通道：选择要调整的通道，默认为复合通道。

3）输入色阶：由直方图和外侧的两个黑白三角滑块和中间的灰三角滑块组成。直方图表示各个色阶上像素的分布情况，黑白滑块可以设定图像的黑场、白场，灰滑块可以设定图像的灰场（图像的中间色阶）。

输入色阶虽然可以决定图像的黑场、灰场、白场，却不能决定黑场有多黑、白场有多白。黑白场色阶的数值是由输出色阶决定的。

4）输出色阶：由黑白两个滑块组成，分别设定图像黑、白场的数值。

2. 曲线

曲线调整工具允许用户自定义调整色彩和亮度的曲线。通过添加和移动曲线上的控制点，可以对图像进行精细的色彩和明暗调整。曲线调整可以增强图像的对比度、色彩鲜艳度和细节。

3. 亮度/对比度

亮度/对比度调整可以用来增加或减少图像的整体亮度和对比度。增加亮度参数，图像会变得明亮；减少亮度参数，图像会变得更暗。对比度参数可以增加图像中颜色之间的差异，使得图像更加鲜明。

4. 曝光度

曝光度控制图像的整体明亮度水平。增加曝光度，图像会变得更亮；减少曝光度，图像会变得更暗。调整曝光度可以改善过曝或欠曝的图像，使得细节更加清晰可见。

5. 阴影/高光

阴影/高光可以用来增强或减弱图像中的阴影和高光部分。增加阴影参数，可以增强图像的暗部细节；增加高光参数，可以增强图像的亮部细节。这个调整可以帮助修复曝光不均匀或细节不清晰的照片。

任务实施

1. 打开素材

启动Photoshop 2022，打开"山林小屋"素材，并双击背景图层转换为普通图层。

项目2　图片美化设计

2. 调整色阶（快捷键<Ctrl+L>）

由于图片较灰暗，需要进行去灰提亮处理，复制图层作为备用，对复制图片进行色阶调整，参数及效果如图2-4-2所示。

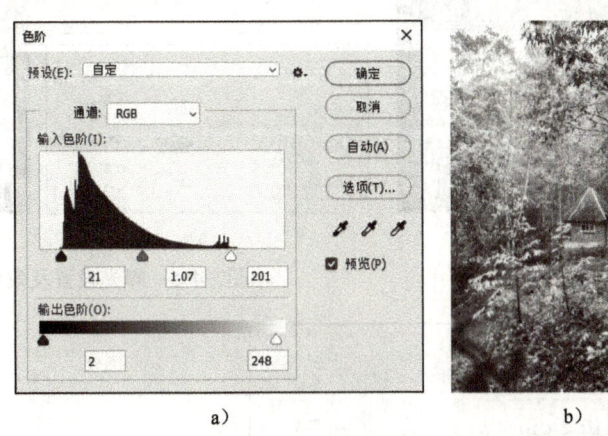

图2-4-2　色阶调整参数及效果

3. 调整曲线（快捷键<Ctrl+M>）

继续对图层进行曲线调整，参数及效果如图2-4-3所示。

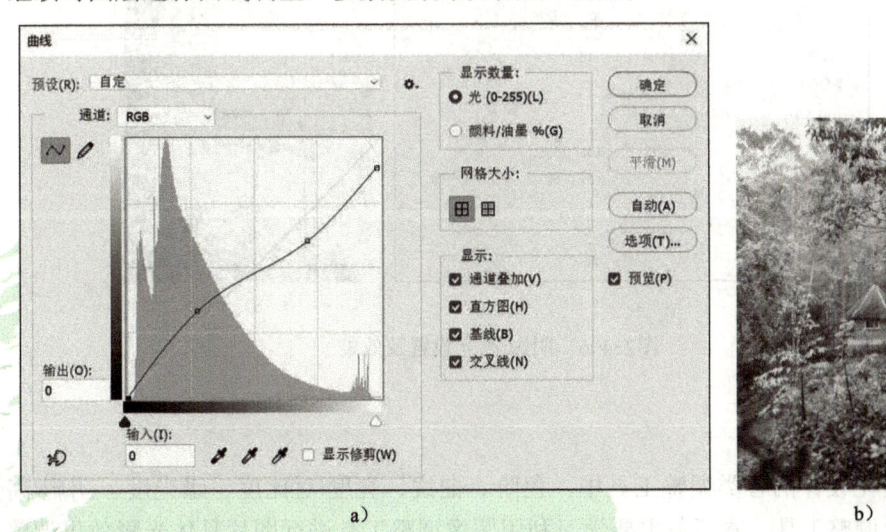

图2-4-3　曲线调整参数及效果

4. 亮度/对比度设置

通过亮度/对比度设置提亮图片，参数及效果如图2-4-4所示。

5. 曝光设置

在图层窗口，打开曝光度进行设置，提升图片整体光感，参数及效果如图2-4-5所示。

6. 阴影/高光设置

最后进行阴影/高光设置，微调图片效果，参数及效果如图2-4-6所示。

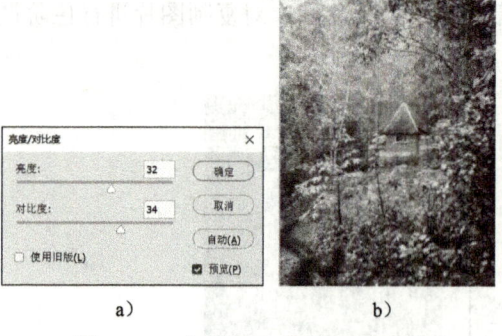

图2-4-4　a)　b)　亮度/对比度设置及效果

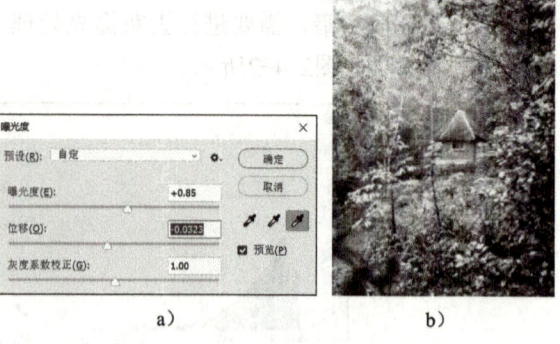

图2-4-5　a)　b)　曝光设置及效果

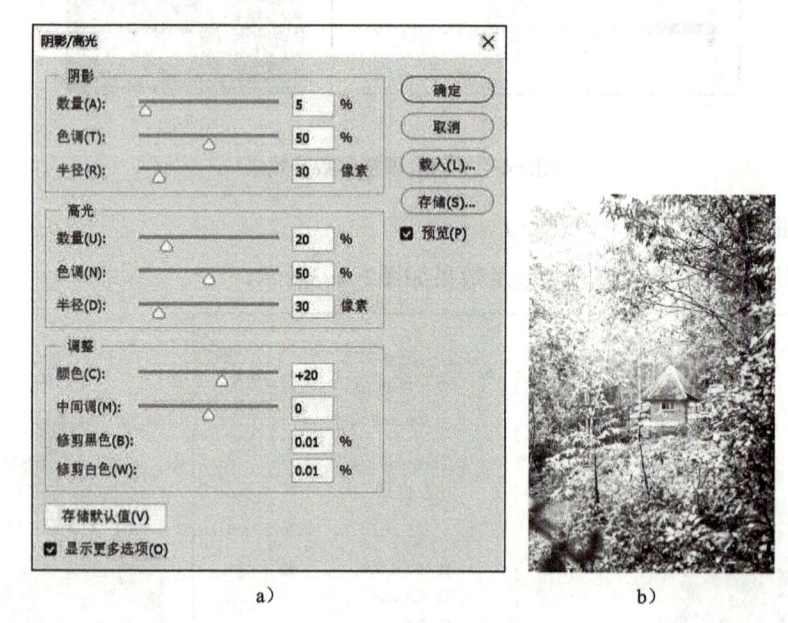

图2-4-6　a)　b)　阴影/高光设置及效果

🔔 任务小结

在图片美化设计的各类调整工具中，色阶、曲线、亮度/对比度、曝光度、阴影/高光是最常用的图像调整工具。本任务主要学习利用图像调整工具进行图片具体光影效果调整，最终达到"风景照片美化"的效果。

🎯 任务拓展

利用色阶和滤镜功能，制作一幅星空图。效果如图2-4-7所示。

1）新建文件，画布大小使用默认大小，将背景图层转换为普通图层。

2）使用渐变填充工具，第一个色标设置为#9257fd，第二个色标设置为#290753，在图层进行渐变填充。

3）新建一个图层，颜色填充为黑色。

项目2　图片美化设计

4）对黑色图层设置"添加杂色"滤镜，数量设置为20%，分布模式为高斯分布，单色。

5）进行色阶调整。输入色阶调整为黑标117，灰标1.98，白标169，确定后，设置图层模式为滤色，并调整图层不透明度，直至渐变图层显示出来，形成最终效果，如图2-4-7所示。

6）保存"星空"图片文件。

图2-4-7　星空照片效果

扫码看视频

任务5　修复老照片

任务描述

"时光印记"照相馆接收了老照片修复的任务。本任务是对建筑老照片素材进行修复处理，修复折痕、污点等地方提高照片的质量和可欣赏性，完成效果如图2-5-1所示。

图2-5-1　老照片修复效果图

扫码看视频

知识技能

学会利用污点修复画笔、修复画笔、修补工具、红眼工具等修复工具对老旧照片进行修复美化处理。

45

1. 污点修复画笔

污点修复画笔 是一种方便高效的修复工具，能够轻松去除照片中的杂点、人脸痘痕等小面积缺陷。使用该工具时，只需选择污点所在的位置并单击，软件就会自动根据周围的图像纹理进行修复，让图像显示更自然。

2. 修复画笔

修复画笔 是一种精确的修复工具，用于处理较大的缺陷或区域。使用该工具时，用户可以按住<Alt>键选择一个参考区域作为修复来源，然后松开<Alt>键将其应用到需要修复的区域上，修复的内容会自动与周围环境相适应。需要注意的是，与之有类似功能的仿制图章工具，虽然操作步骤一致，但仿制图章是完全复制来源区域的图像效果，不能与修复区域的图像环境相适应。

3. 修补工具

修补工具 在去除图像污点和修复瑕疵方面非常有用。它可以根据用户所选的区域，智能地填补相应的缺陷，并与周围的图像进行融合。修补工具更适用于处理较复杂的图像修复任务。

4. 红眼工具

红眼工具 主要用于纠正照片中因闪光灯而出现的红色反光。用户只需选择红眼处，Photoshop会根据颜色和光照信息智能地去除红色反光，还原人眼的自然颜色。

任务实施

1. 打开素材

启动Photoshop 2022，打开"建筑老照片"素材，并双击背景图层转换为普通图层，如图2-5-2所示。

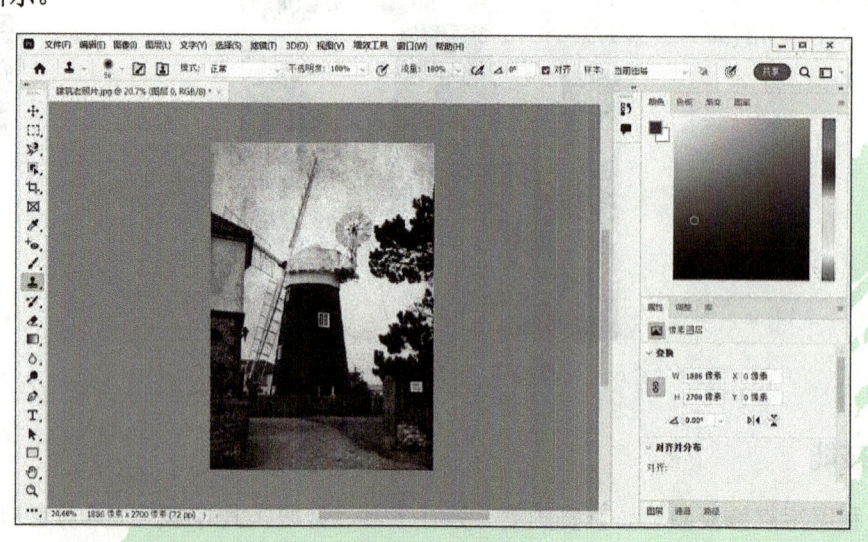

图2-5-2　导入素材

项目2 图片美化设计

2. 痕迹修复

由于照片存在多条折痕，需要进行去灰提亮处理，选择污点修复工具 ⌀，调整画笔到适合大小，类型选择"内容识别"，然后沿折痕进行涂画，并对其他折痕进行相同处理，如图2-5-3所示。

3. 修复画笔进行局部修复

选择修复画笔，对建筑左下方砖头部分进行修复，先按<Alt>键选择适当的来源区域进行采样，然后进行修复，效果如图2-5-4所示。

图2-5-3 痕迹修复　　　　图2-5-4 修复画笔进行修复

4. 修补工具

选择修补工具 ⌀，对地面所需要修复的位置进行选定，然后移动选区进行修复，效果如图2-5-5所示。

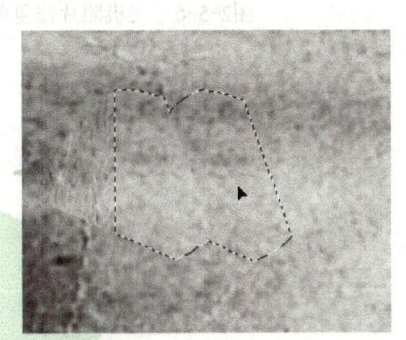

图2-5-5 使用修补工具进行局部修复

5. 反复进行修复

最后按照污点和痕迹类型选择修复效果最好的修复工具对照片进行修复，最终效果如图2-5-1所示。

⚠ 任务小结

在图片修复的各类工具中，污点修复画笔、修复画笔、修补工具、红眼工具是最常用的图片修复工具。本任务主要学习利用上述修复工具对老照片的污迹、污点、折痕等进行局部修复，并通过调整修复工具的参数以及大小对照片局部进行修复，最终达到"老照片修复"

的完成效果。

🌏 任务拓展

利用修复工具，对飞机照片进行修复。

1）导入飞机照片素材，双击背景图层转化为普通图层。

2）使用污点修复工具去除天空污点和痕迹。

3）使用修复画笔对机翼部分进行修复，首先按<Alt>键选择机翼无污迹部分，松开<Alt>键进行污点区域修复。

4）使用修补工具对地面进行修复，先圈出要修复的地面区域，并向没有污迹的地方进行适度移动，达到遮盖污迹效果。

5）反复进行污迹修复，形成最终效果，如图2-5-6所示。

6）保存"飞机照片"图片文件。

图2-5-6　飞机照片修复前后效果

扫码看视频

项目3 图标设计

图标设计在平面设计中有重要的地位和作用，分别应用在品牌建设、界面导航等方面。一个好的图标设计不仅能够提升产品和品牌的价值，还能够帮助用户更好地理解和使用不同的应用系统。它是一种简洁、易辨识的图形符号，是传递信息和增强品牌识别的有力工具。图标设计的关键原则包括简洁性、可识别性和一致性，是一种传达信息和表示命令的视觉信号，通过简易的视觉形象，帮助用户快速识别品牌和使用各种场景。

图标设计师通常需要学会使用各种图形设计软件，并掌握色彩理论和设计原则等相关知识。Photoshop软件是图标设计的常用工具之一，提供了形状工具、路径选择工具和钢笔工具等，让设计师能够灵活绘制和设计图标。

知识目标

- 掌握形状工具和钢笔工具的基本操作方法，包括创建、编辑和调整路径。
- 理解钢笔工具的路径构成要素，包括线段、节点和手柄等。

技能目标

- 能够在路径面板中查看和修改路径。
- 能够熟练运用路径面板进行路径管理。
- 能够运用钢笔工具进行图标设计和绘制常用的图标。

素养目标

- 具备独立思考和解决问题的能力。
- 能够主动探索和学习新的技能和方法。
- 培养责任感和精益求精的工匠精神。
- 了解和遵守设计行业的职业道德规范。
- 能够通过学习与实践，提高创意性和表现力。

任务1　绘制卡通类图标

任务描述

恰逢小民生日，班主任老师特意为小民送上一个个性的书包作为祝福。现在需要设计一个卡通书包图标印在小民的书包上，增添个性。本任务将运用形状工具和钢笔工具的技巧，绘制卡通图标。通过调整形状工具、钢笔工具的锚点和曲线，打造简洁、生动的效果，确保图标线条流畅、清晰。完成任务后，小民将拥有一个印有个性卡通图标的书包。完成效果如图3-1-1所示。

扫码看视频

图3-1-1　卡通书包图标

知识技能

学会利用形状工具组的矩形工具、椭圆工具等形状工具绘制图形，完成简单的图标设计。

1. 矩形工具

鼠标左键长按"矩形工具"，即可弹出形状工具组，如图3-1-2所示。

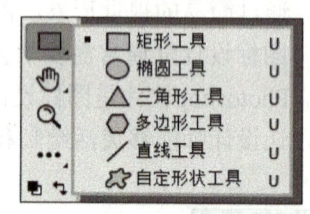

图3-1-2　形状工具组

选择"矩形工具"后，"矩形工具"属性栏如图3-1-3所示。

图3-1-3　"矩形工具"属性栏

选择工具模式：工具选项栏左侧下拉菜单可选择模式，包括形状、路径、像素。

填充：在属性栏中选择形状所需的颜色。

描边：设置形状的描边属性，包括颜色、粗细、样式等。

宽与高：输入宽和高的数值，可设置或改变形状的大小。

路径操作：单击切换"路径"，则可设置的形状默认为路径。

路径对齐方式：设置形状组件的对齐和分布方式。

路径排列方式：设置形状堆叠的顺序。

2. 椭圆工具

选择"椭圆工具"后，"椭圆工具"属性栏如图3-1-4所示。

图3-1-4　"椭圆工具"属性栏

3. 三角形工具

选择"三角形工具"后，可以绘制三角形，通过改变圆角半径，可以改变边角的弧度。

项目3　图标设计

4. 其他工具

其他工具包含"多边形工具"、"直线工具"、"自定形状工具"。

5. 绘制形状

选择形状工具，在画布上单击并拖动绘制形状。按住<Shift>键可保持形状比例。选中形状图层后，使用工具栏中的"移动工具"调整位置。如需缩放、变换或旋转形状，选择菜单栏中的"编辑"，然后选择"自由变换"或按<Ctrl+T>组合键。

6. 编辑形状

绘制矩形时，单击画布上的圆形控件拖动，可以变换或调整形状的外观。如需更改单个角的半径，则需要按住<Alt>键时拖动单个圆形控件。编辑三角形时，只拖动其中一个角，所有角都会随之修改。

任务实施

1. 新建项目

在Photoshop主页界面选择新文件或按<Ctrl+N>组合键弹出新建文档对话框，在该对话框内设置参数为8厘米×8厘米，分辨率为100，如图3-1-5所示。

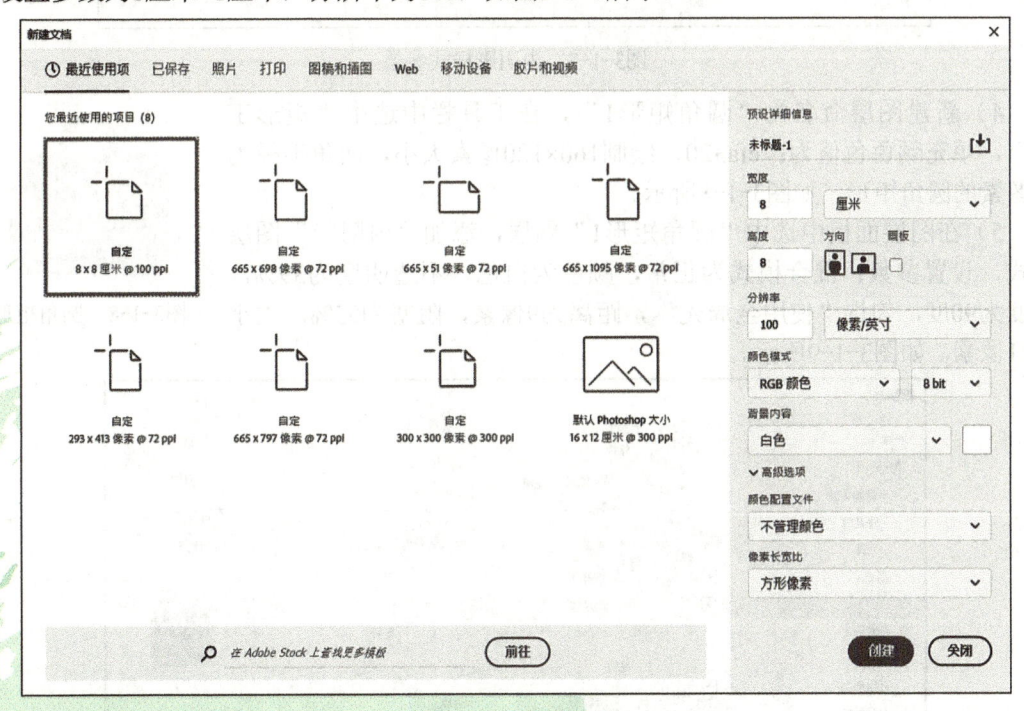

图3-1-5　新建文档

2. 绘制图标

1）单击工具箱中的"默认前景和背景色"按钮，将前景和背景色设置为白色。

2）单击工具箱中的"椭圆工具"，填充颜色为无，描边大小为10像素，颜色值为f68b71，宽为54像素，高为72像素，在背景上绘制一个椭圆，如图3-1-6所示。

图3-1-6　椭圆效果

3）选择椭圆图层，添加图层样式，选择内阴影，颜色色值为ca2e08，不透明度为22%，角度90度，距离为5像素，阻塞为53%，如图3-1-7所示。

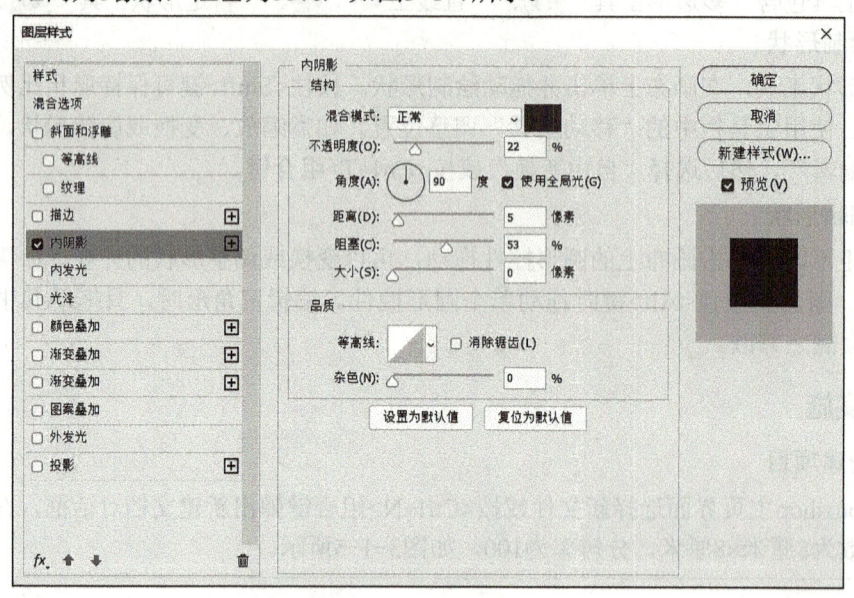

图3-1-7 内阴影样式参数

4）新建图层命名为"圆角矩形1"，在工具栏中选中"矩形工具"，填充颜色色值为：efa320，绘制160×120像素大小，四角半径为30像素的圆角矩形，如图3-1-8所示。

5）在图层面板中选中"圆角矩形1"图层，添加"内阴影"图层样式，设置参数：混合模式为正常，颜色为白色，不透明度为39%，角度为90度，勾选"使用全局光"，距离为9像素，阻塞为53%，大小为21像素，如图3-1-9所示。

图3-1-8 圆角矩形

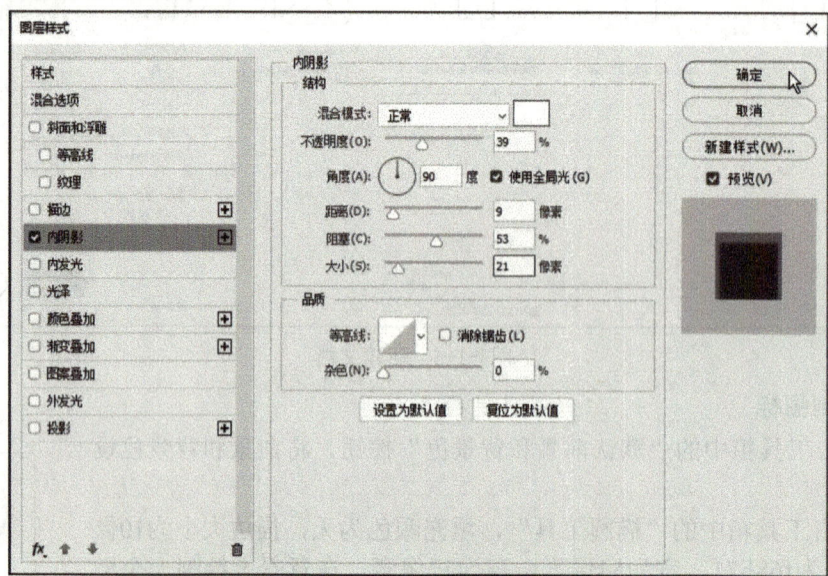

图3-1-9 内阴影图层样式参数

项目3 图标设计

6）在图层样式对话框中，添加"内发光"图层样式，设置混合模式为正常，发光颜色色值为fdf2cb，不透明度为25%，杂色为0%，方法为柔和，源为边缘，阻塞为0%，大小为9像素，范围为50%，抖动为0%，如图3-1-10所示。

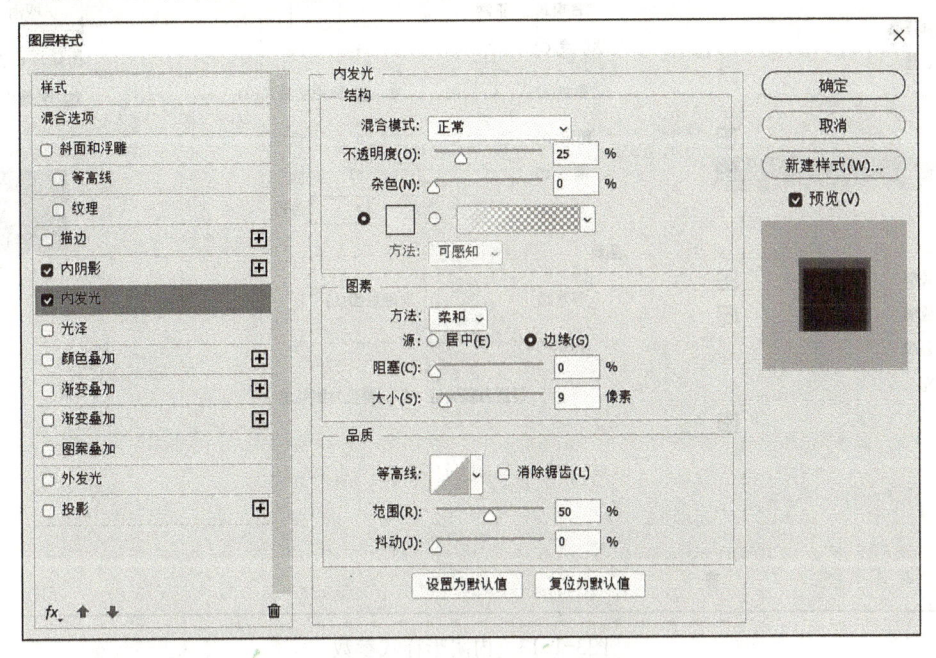

图3-1-10　内发光图层样式参数

7）图层样式添加完成后，单击"确定"按钮，效果如图3-1-11所示。
8）新建图层命名为"中部矩形1"，在工具栏中选中"矩形工具"，填充颜色色值为fefdfd，无描边效果，绘制30×80像素大小的矩形，如图3-1-12所示。

图3-1-11　圆角矩形效果　　　图3-1-12　绘制矩形

9）在图层面板中找到"中部矩形1"图层，双击添加图层样式，选择"内阴影"，设置混合模式为正常，不透明度为43%，角度为90度，勾选"使用全局光"，距离为0像素，阻塞为53%，大小为7像素，如图3-1-13所示。

10）添加"内发光"，设置混合模式为正常，发光颜色色值为f4e1cb，不透明度为61%，杂色为0%，方法为柔和，源为边缘，阻塞为0%，大小为27像素，范围为50%，抖动为0%，如图3-1-14所示。

11）"中部矩形1"图层样式添加完毕后单击"确定"按钮，效果如图3-1-15所示。
12）在图层面板中单击"中部矩形1"图层，单击鼠标右键选择"复制图层"或按<Ctrl+J>组合键复制图层，向右侧移动，如图3-1-16所示。

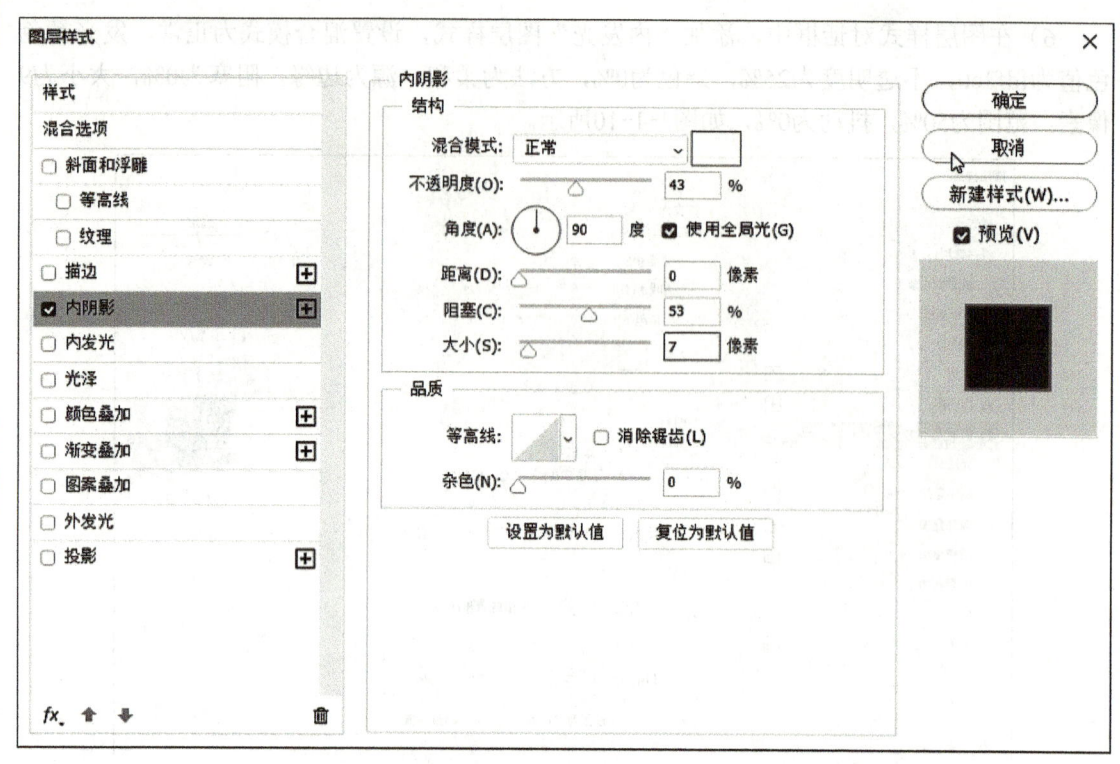

图3-1-13 内阴影样式参数

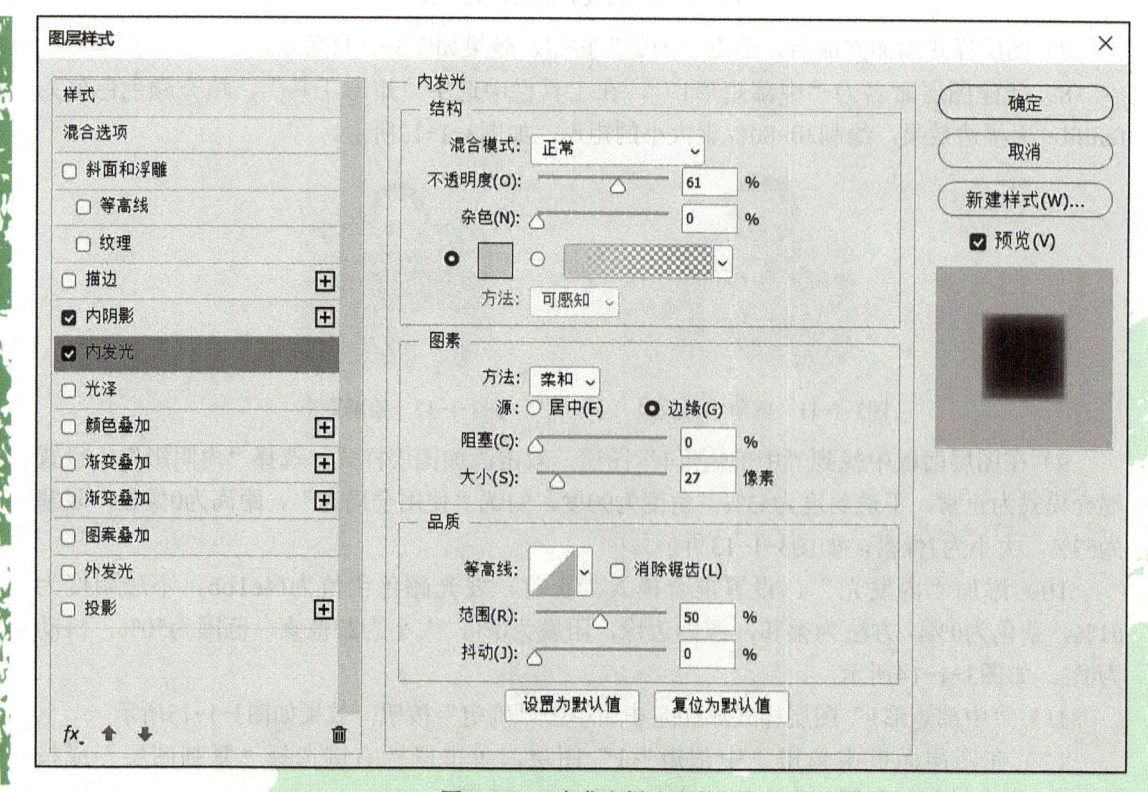

图3-1-14 内发光样式参数

项目3　图标设计

图3-1-15　矩形效果

图3-1-16　复制图层效果

13）新建图层命名为"底部矩形1"，在工具栏中选中"矩形工具"，填充颜色色值为f0532f，描边为无，绘制190×126像素大小的矩形，将底部矩形图层拖拽至底层，如图3-1-17所示。

14）在图层面板中找到"底部矩形1"图层，添加图层样式，选择内阴影，设置混合模式为正常，不透明度为49%，角度为90度，勾选"使用全局光"，距离为0像素，阻塞为53%，大小为16像素，如图3-1-18所示。

图3-1-17　绘制矩形

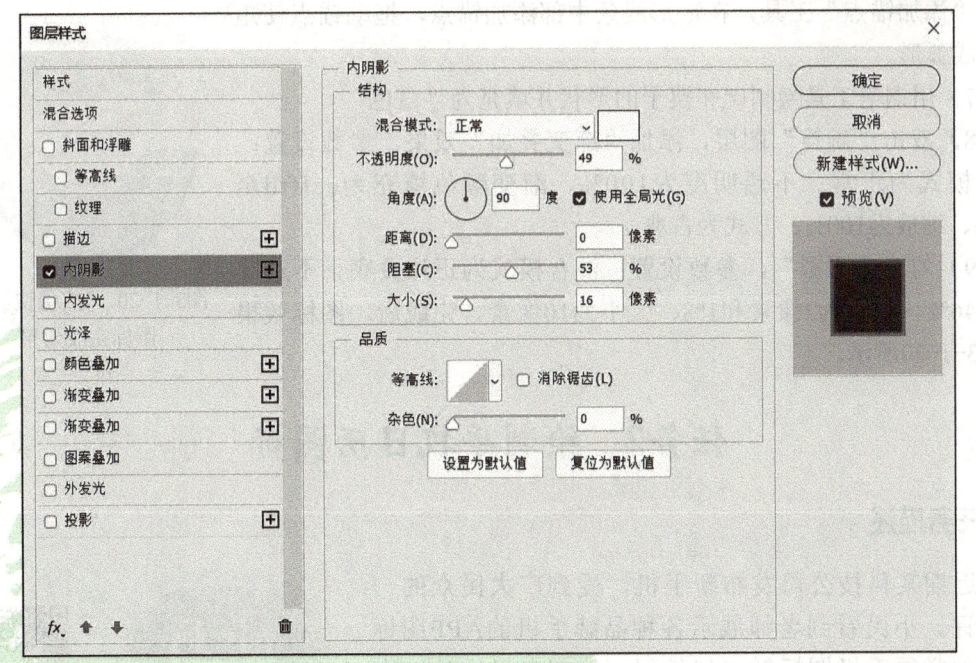

图3-1-18　内阴影样式参数

15）图层样式添加完毕后，图标绘制完成，通过调整每个图层到适宜的位置最终完成卡通书包绘制，如图3-1-19所示。

任务小结

在本任务中，利用了形状工具进行绘制，为图层添加了内阴影、内发光效果，简易地制作出书包卡通图标。

图3-1-19　最终完成效果

任务拓展

利用形状工具和钢笔工具等，通过添加图层样式的方法为店家"广佛快面"绘制一个图标，效果如图3-1-20所示。

1）在Photoshop主页界面内单击左侧的"新文件"或按<Ctrl+N>组合键弹出新建文档对话框，在该对话框内设置大小为315×315像素，分辨率为100。

2）在工具栏中选择椭圆工具，单击画布，在"椭圆工具"属性栏中输入宽度和高度均为250像素，填充颜色色值为1289b3，命名该图层为"底圆阴影"。给该图层添加投影效果，参数为混合模式正片叠底、不透明度46%、距离2像素、扩展1%、大小10像素。

3）复制"底圆阴影"图层，更改图层名为"底圆"，删除阴影样式。单击该图层选择"椭圆工具"，填充选择渐变，由颜色42cfe6渐变至颜色3de7ca。

4）新建"左高光图层"，单击"椭圆工具"，填充颜色改为"白色"。将不透明度更改为20%，适当调整大小和位置给图片增加立体感。

5）复制"左高光图层"，更改图层名为"右高光图层"，将图层拖动到右边适当位置。

6）添加新图层并命名为"碗筷"，绘制碗底时，用矩形工具绘制出矩形，在工具栏中单击"添加锚点"工具，在矩形线条中部添加锚点，拖动锚点使矩形变成弧形。

7）用钢笔工具绘制碗和筷子的形状并填充为"白色"。

8）双击"碗筷"图层，添加"渐变叠加"效果，参数设置：混合模式为正常、不透明度为100%、渐变颜色填充为ecfffd至f9fffe、缩放为100%、方式为古典。

9）勾选"阴影"，参数设置：混合模式为正片叠底、不透明度为46%、距离为2像素和1%、大小为10像素。完成后，图标效果如图3-1-20所示。

图3-1-20 "广佛快面"图标完成效果

任务2　绘制手机日历图标

任务描述

近期某科技公司发布新手机，受到广大民众的一致好评，小民看到老师展示各种品牌手机的APP图标时，他觉得手机图标越来越相似。他想自己设计一个具有辨识度的手机日历图标，请大家帮助他一起完成设计。本任务用到了形状工具、自由变换和添加图层样式等，配合部分钢笔工具的使用，最后完成效果如图3-2-1所示。

图3-2-1　手机日历图标

知识技能

学会利用形状工具、钢笔工具等绘制路径、编辑路径，最终完成简单的图标设计。

项目3　图标设计

1. 绘制路径的工具

常用绘制路径的工具有钢笔工具、形状工具、画笔工具等。

钢笔工具：最常用的路径绘制工具，可以创建直线、曲线等路径。

形状工具：可以创建相对应形状的路径图形。

画笔工具：除了绘制路径，还可以通过设置画笔的属性来调整路径的粗细和平滑度。

2. 选择工具组

单击并长按"选择工具"，即可弹出选择工具组，选择工具组包括"路径选择工具""直接选择工具"，如图3-2-2所示。

图3-2-2　选择工具组

如果想要删除不需要的路径，可以使用"路径选择工具"单击并拖动路径到画布上的任意位置，然后按<Delete>键，就可以删除该路径。

如果想要调整路径的位置或形状，可以使用"直接选择工具"单击并拖动路径上的锚点或者线段。当拖动锚点或线段时，路径的位置和形状会随之改变。

任务实施

1. 新建项目

在Photoshop主页界面内单击左侧的"新文件"或按<Ctrl+N>组合键弹出新建文档对话框，在该对话框内设置高度和宽度为8厘米×8厘米，分辨率为100，如图3-2-3所示。

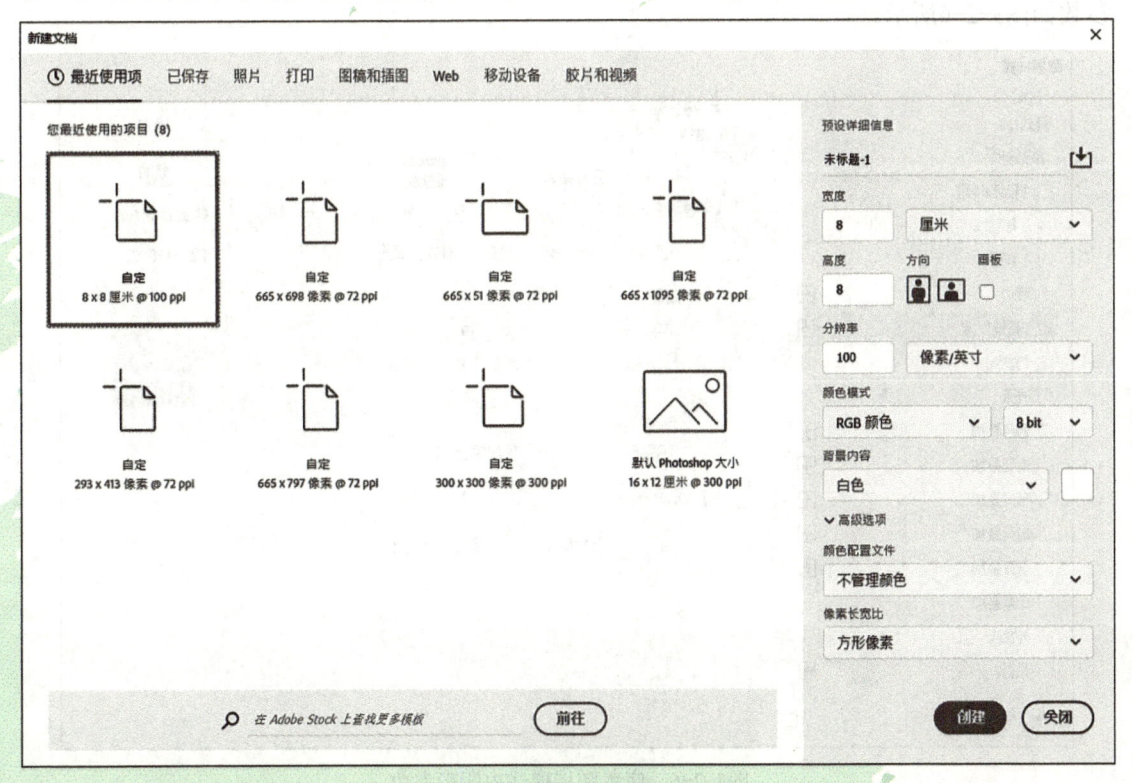

图3-2-3　新建文档

2. 绘制图标

1）单击工具箱中的"默认前景和背景色"按钮，将前景和背景色设为白色。

2）单击工具箱中的"矩形工具"，填充颜色为浅紫色，色值为"eddbfe"，无描边，高度和宽度各设置为256像素，在背景上绘制一个矩形，如图3-2-4所示。

3）拖拽矩形里的圆点调整圆角半径为80像素，如图3-2-5所示。

图3-2-4 绘制图标背景　　图3-2-5 调整背景边角

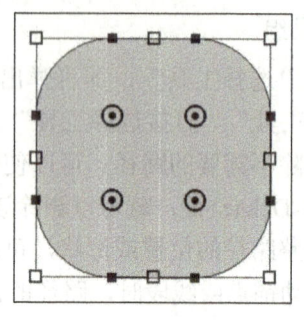

4）新建图层将该图层命名为"底色"，单击工具栏中的"矩形工具"，设置填充颜色为白色，无描边，宽度为215像素，高度为215像素。拖动圆点调整圆角半径为80像素，使图形变成圆角矩形。将该圆角矩形拖至正中心。

5）双击"底色"图层，添加图层样式"内阴影"，颜色色值"651ec7"，其他项设置参数如图3-2-6所示。

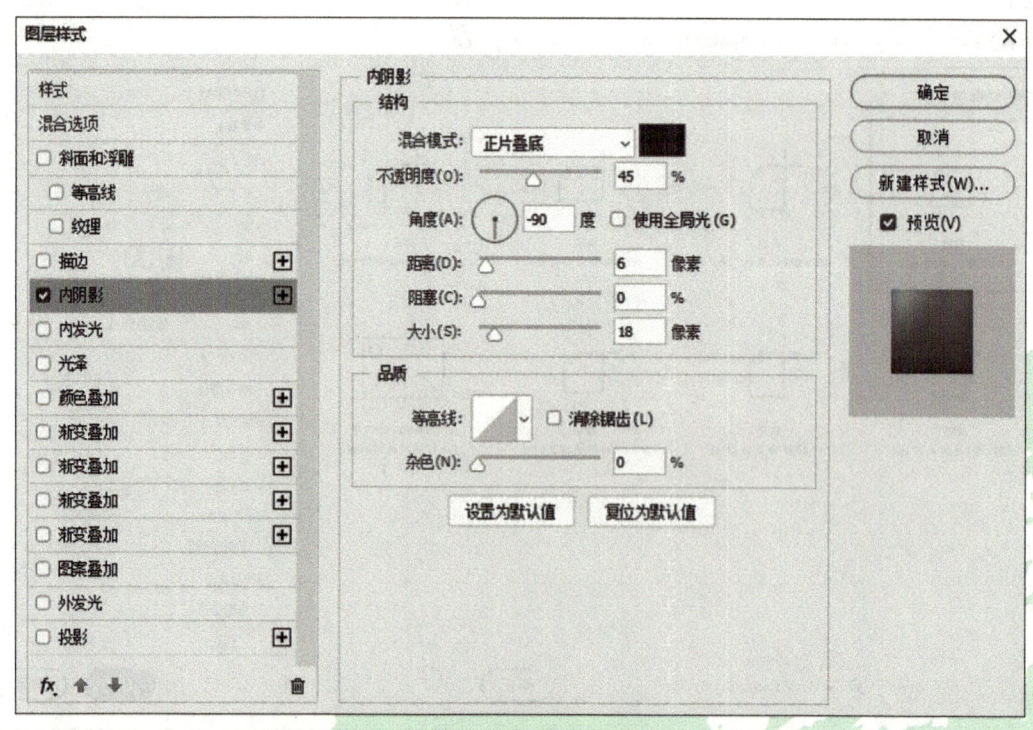

图3-2-6 底色图层样式内阴影参数

添加图层样式"渐变叠加"，设置混合模式为滤色，不透明度为50%，勾选"反向"和

项目3 图标设计

"与图层对齐",角度为145度,缩放为100%,方法为古典,如图3-2-7所示。

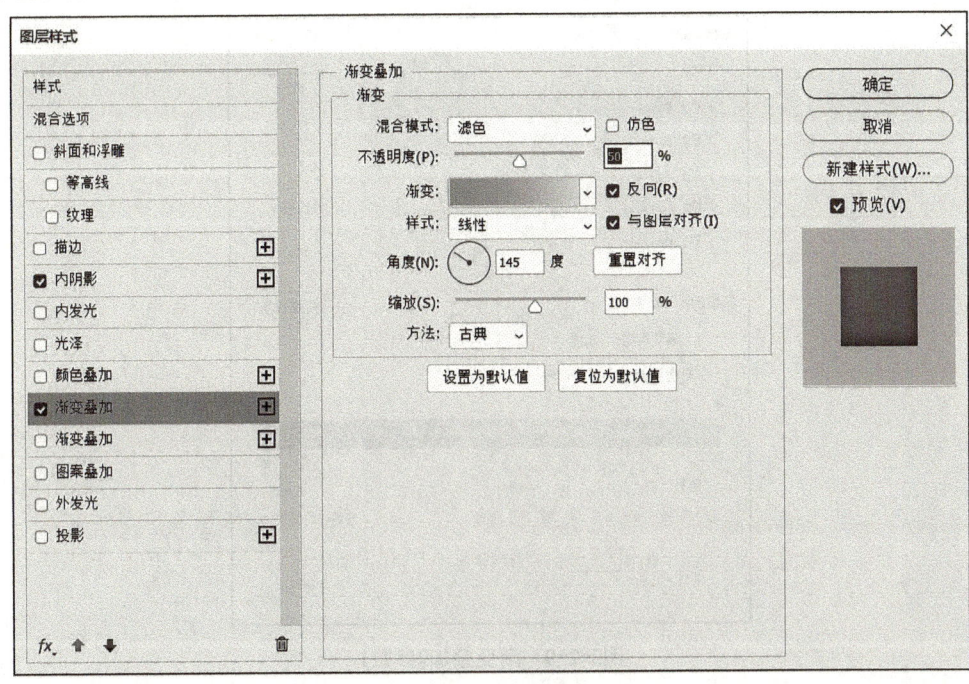

图3-2-7 底色图层样式渐变叠加1

单击"渐变叠加"的"田"添加图层样式"渐变叠加",设置混合模式为正常,不透明度为100%,勾选"反向"和"与图层对齐",角度为90度,缩放为150%,方法为古典,如图3-2-8所示。

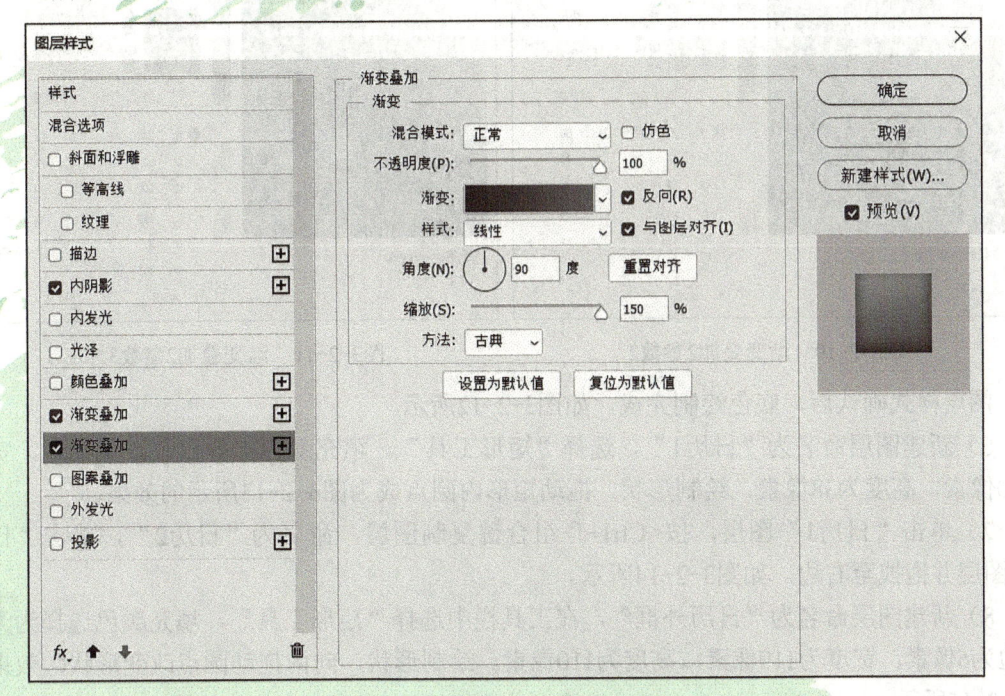

图3-2-8 底色图层样式渐变叠加2

①图层样式中,渐变叠加的渐变编辑器参数设置如图3-2-9所示。

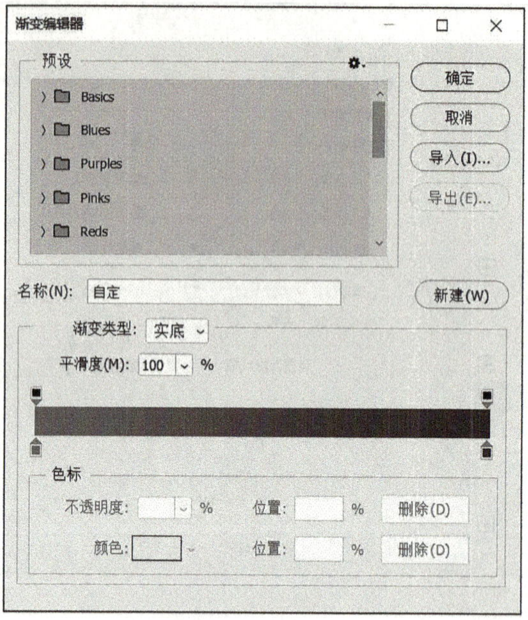

图3-2-9 渐变叠加2参数1

②渐变叠加左侧数值为c587fe,如图3-2-10所示,渐变叠加右侧数值为7b2fff,如图3-2-11所示。

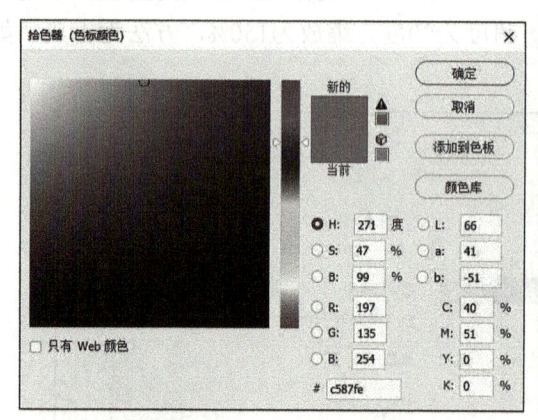

图3-2-10 渐变叠加2参数2 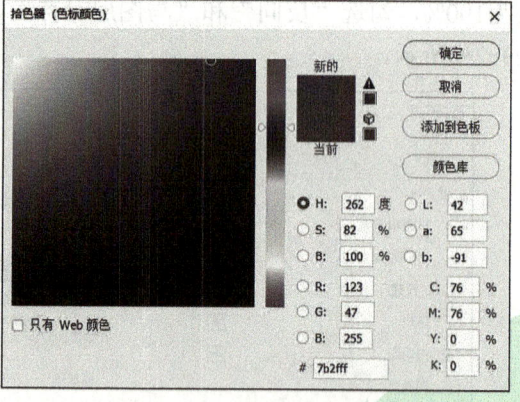   图3-2-11 渐变叠加2参数3

图层样式确认后,底色绘制完成,如图3-2-12所示。

6)新建图层命名为"日历1",选择"矩形工具",填充颜色选择白色,无描边,宽度为10像素,高度为38像素,绘制形状,拖动矩形内圆点成为图3-2-13所示的效果。

7)单击"日历1"图层,按<Ctrl+J>组合键复制图层,命名为"日历2",单击"日历2"图层并拖拽至右边,如图3-2-14所示。

8)新建图层命名为"日历外框",在工具栏中选择"矩形工具",填充颜色选择为无,描边为6像素,宽度为119像素,高度为110像素。绘制形状,向内拖动圆点改变形状,效果如图3-2-15所示。

项目3 图标设计

图3-2-12 底色图层样式　　图3-2-13 日历1　　图3-2-14 日历2　　图3-2-15 日历外框

9）选中"日历外框"图层，右击选择"栅格化图层"命令，如图3-2-16所示。

10）选中"日历外框"图层，在工具栏中选择"钢笔工具"，如图3-2-17所示，在上面的属性栏中改为"路径"，如图3-2-18所示。

图3-2-17 选择"钢笔工具"

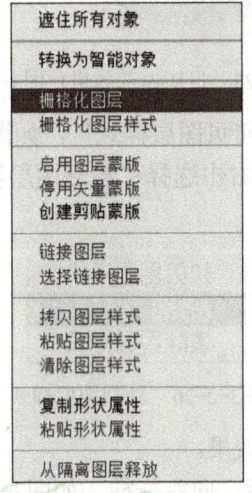

图3-2-16 栅格化图层　　图3-2-18 选择"路径"

11）按<Ctrl+R>组合键调出参考线，拖出如图3-2-19a所示的参考线。使用"钢笔工具"，在图层"日历外框"上画一个长方形，再按<Ctrl+Enter>组合键调出选区图3-2-19b所示。

选区调取成功后，按<Delete>键删除，再按<Ctrl+D>组合键取消选区，得到图3-2-20所示的效果。

a)　　　　　　　　　b)

图3-2-19 日历外框　　　　　　　　图3-2-20 日历外框效果1

12）使用钢笔工具，在图层"日历外框"右侧绘制一个长方形，再按<Ctrl+Enter>组合键调出选区，如图3-2-21所示。

13）选区调取成功后，按<Delete>键删除，再按<Ctrl+D>组合键取消选区。在菜单栏中选择"参考线"→"清除参考线"，效果如图3-2-22所示。

14）新建图层命名为"日历内部"，找到钢笔工具，左上角改为形状，绘制115×73像素的长方形，填充白色，无描边，效果如图3-2-23所示。

15）选择"椭圆工具"，填充色为任意色，大小为17×17像素，效果如图3-2-24所示。

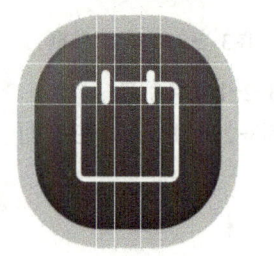

图3-2-21　调出选区　　图3-2-22　日历外框效果2　　图3-2-23　日历内部效果1　　图3-2-24　日历内部效果2

16）找到"底色"图层，选中后，右击选择"拷贝图层样式"，如图3-2-25所示。

17）找到刚刚绘制的"椭圆"图层，选中后，右击选择"粘贴图层样式"，如图3-2-26所示。

图3-2-25　拷贝图层样式　　　　图3-2-26　粘贴图层样式

18）粘贴图层样式后，得到如图3-2-27所示的效果。

19）选中"椭圆"图层，<Ctrl+J>组合键复制后，向右拖拽，如图3-2-28所示。

20）选中"椭圆"图层，<Ctrl+J>组合键复制后，向右拖拽，如图3-2-29所示。

21）选中前2个"椭圆"图层，<Ctrl+J>组合键复制后，向下拖拽，调整每个图层到适宜的位置，图标绘制完成，如图3-2-30所示。

图3-2-27　日历内部效果3　　图3-2-28　日历内部效果4　　图3-2-29　日历内部效果5　　图3-2-30　日历图标效果

任务小结

在本任务中，利用形状工具、钢笔工具完成了图标绘制。通过不同颜色的填充、图形大小的设置、图层样式的添加，完成了日历图标的绘制。在拓展任务中将着重使用钢笔工具进一步训练。

项目3　图标设计

任务拓展

利用形状工具、钢笔工具和路径选择工具等绘制形状，添加图层样式效果制作相机图标，并存储文件名为"相机图标"，效果如图3-2-31所示。

1）在Photoshop主页界面内单击左侧的"新文件"或按<Ctrl+N>组合键弹出新建文档对话框，在该对话框内设置高度、宽度参数为315×315像素，分辨率为100。

2）在工具栏中选择"椭圆工具"，单击画布，在弹出的"椭圆工具"属性栏中输入宽度和宽度均为250像素，填充颜色为"3a4fbb"，命名该图层为"底圆阴影"。

3）复制"底圆阴影"图层，更改图层名为"底圆"。单击该图层选择"椭圆工具"，填充选择渐变，左色标值为"c9a2ff"，右色标值为"647fff"，角度为-90度，向上移动10像素。

图3-2-31　相机图标效果

4）新建"左高光图层"，单击"椭圆工具"，填充色改为"白色"。将不透明度设置为22%，适当调整大小和位置给图片增加立体感。

5）复制"左高光图层"，更改图层名为"右高光图层"，将图层拖动到右边适当位置。

6）新建图层命名为"相机机身"，用钢笔工具勾勒出相机外框形状，建立选区并填充颜色色值为"cdb6fb"，长按"选框工具"选取"椭圆选框工具"，在"相机机身"图层镜头的位置绘制一个正圆，并按<Delete>键删除选取区域。

7）新建图层命名为"镜头"，单击工具栏中的"椭圆工具"，在属性栏中设置为"形状"、无填充、描边颜色色值为"dfcffd"，大小为7像素、高度和宽度均为55像素。在画布中绘制镜头，调整至适当位置。

8）新建图层命名为"镜头高光"，用钢笔工具绘制出镜头高光形状，填充颜色色值为"dfcffd"，效果如图3-2-31所示。

任务3　绘制举重图标

任务描述

某届亚运会在征集各个运动项目图标，其中举重项目深得小民的喜爱，小民准备为举重项目设计图标。本任务主要用到钢笔工具组中的工具来完成设计，通过钢笔工具的绘制，添加锚点变形，删除锚点和多余部分，最终完成效果如图3-3-1所示。

图3-3-1　举重图标

知识技能

学会利用钢笔工具组的钢笔工具、自由钢笔工具、添加锚点工具、删除锚点工具等绘制图形，完成简单的图标设计。

1. 钢笔工具组

单击鼠标左键长按"钢笔工具"，弹出钢笔工具组，该工具组中包括"钢笔工具""自由钢笔工具""弯度钢笔工具""添加锚点工具""删除锚点工具""转换点工具"，如图3-3-2所示。

钢笔工具：单击画布可创建笔直的路径线段，单击并拖拽可创建贝兹曲线路径。

自由钢笔工具：单击画布拖拽可如使用画笔般自由绘制路径。

弯度钢笔工具：使用点来绘制或更改路径和形状的工具。能够轻松地绘制出弧形和曲线。

添加锚点工具：单击路径线段可添加锚点。

删除锚点工具：单击路径锚点可删除锚点。

转换点工具：单击普通锚点并拖动可创建贝兹手柄，单击已有贝兹手柄的锚点可删除手柄。

2. 钢笔工具的使用

Photoshop 2022中的钢笔工具可以用于绘制精确的路径和形状。具体使用步骤如下。

1）在左侧的工具栏中，找到"钢笔工具"，单击弹出工具选框。在工具选框中可以选择"钢笔工具""自由钢笔工具""弯度钢笔工具"等不同的钢笔工具模式，如图3-3-2所示。

2）选择"钢笔工具"后，将鼠标移动到画布上，在画布上单击任意一点，这个点会成为路径的起点。

继续在需要绘制曲线路径的位置单击鼠标，每单击一次，就会出现一个路径点。单击时按住鼠标进行拖动，路径会自动弯曲，形成平滑的曲线，如图3-3-3所示。

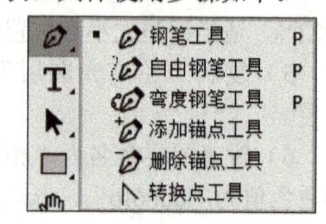

图3-3-2 钢笔工具组

3）如果想要添加或删除锚点，可以使用钢笔工具属性栏中的"自动添加/删除"选项。单击这个选项，当鼠标移动到路径上时，会变成添加锚点工具图标，表示可以添加锚点。切换为"删除锚点"工具后，在需要删除锚点的地方单击鼠标，就可以删除锚点。

4）完成路径的绘制后，可以使用"画笔"工具，设置好画笔大小和硬度，进行描边处理。选择"画笔"工具后，按<Enter>键就可以描边路径。

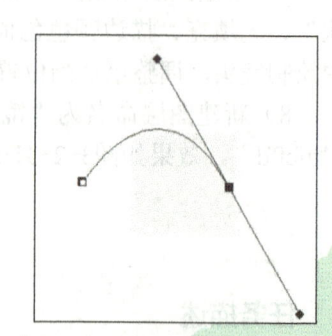

图3-3-3 "钢笔工具"使用示范

以上步骤只是在Photoshop 2022中使用钢笔工具的基本方法，通过不断实践和探索，可以更加熟练地运用这个工具来创作复杂的图形和路径。

任务实施

1. 新建项目

在Photoshop主页界面内按<Ctrl+N>组合键弹出新建文档对话框，在该对话框内设置高度和宽度为8厘米×8厘米，分辨率为100，单击"创建"按钮，如图3-3-4所示。

项目3　图标设计

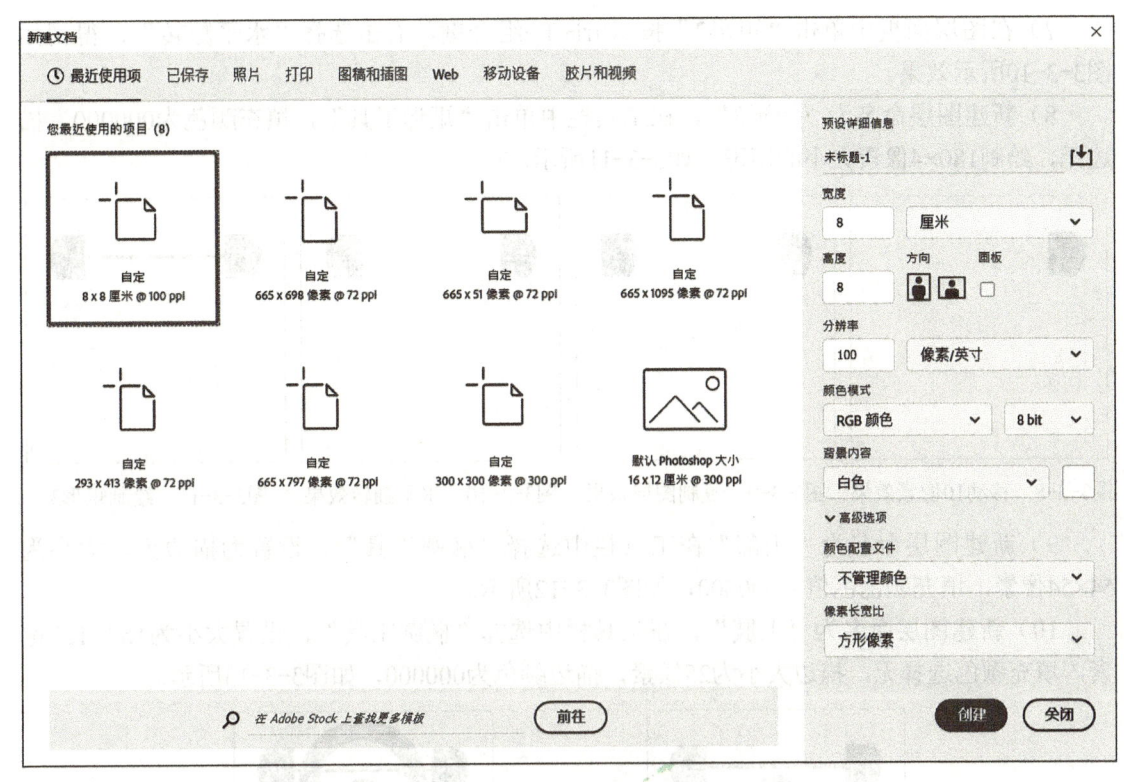

图3-3-4　新建文档

2. 绘制图标

1）单击工具箱中的"默认前景和背景色"按钮，将前景和背景色设置为黑色。

2）新建图层命名为"矩形1"，单击工具箱中的"矩形工具"，填充颜色色值为000000，描边大小为无，高度为52像素，宽度为34像素，在背景上绘制一个矩形，如图3-3-5所示。

3）在工具栏中找到"钢笔工具"，长按后选择"添加锚点工具"，如图3-3-6所示。

4）在图层面板中单击"矩形1"图层，在矩形左侧，高度中间位置，添加一个锚点，如图3-3-7所示。

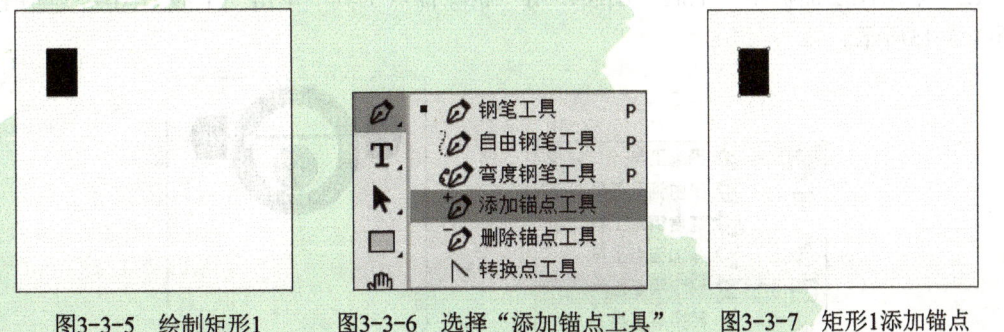

图3-3-5　绘制矩形1　　　图3-3-6　选择"添加锚点工具"　　　图3-3-7　矩形1添加锚点

5）添加锚点成功后，单击向左方向键，移动10像素，如图3-3-8所示。

6）在图层面板中单击"矩形1"图层右键选择复制图层或按<Ctrl+J>组合键复制图层，向右移动，命名为"矩形2"，如图3-3-9所示。

7）在图层面板中单击"矩形2"按<Ctrl+T>组合键，右击选择"水平翻转"，得到如图3-3-10所示效果。

8）新建图层命名为"矩形3"，在工具栏中单击"矩形工具"，填充颜色为000000，描边无，绘制180×4像素大小的矩形，如3-3-11所示。

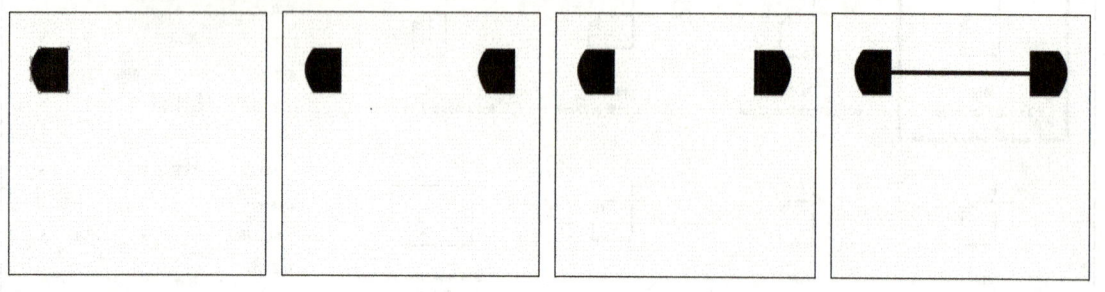

图3-3-8　移动10像素效果　　图3-3-9　复制图层效果　　图3-3-10　水平翻转效果　　图3-3-11　绘制矩形3

9）新建图层命名为"头部"在工具栏中选择"椭圆工具"，设置为描边无，大小为54×54像素，填充颜色色值为000000，如图3-3-12所示。

10）新建图层命名为"上肢"，在工具栏中选择"椭圆工具"，设置大小为153×153像素，填充颜色选择无，描边大小为25像素，描边颜色为000000，如图3-3-13所示。

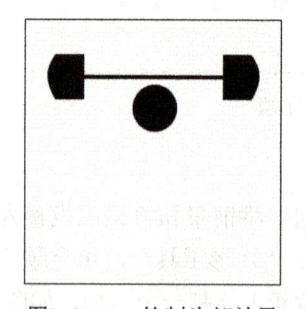

图3-3-12　绘制头部效果　　　　图3-3-13　椭圆工具绘制效果

11）在工具栏中长按"钢笔工具"，在弹出的工具组选项中选择"删除锚点工具"，如图3-3-14所示。

12）单击图层面板中"上肢"图层，用"删除锚点工具"单击"上肢"图层顶部锚点，如图3-3-15所示。

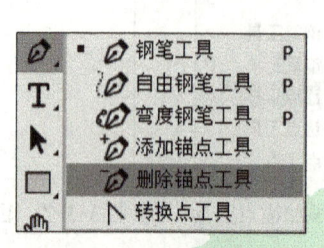

图3-3-14　选择"删除锚点工具"　　图3-3-15　使用"删除锚点工具"

13）用"删除锚点工具"单击"上肢"图层顶部锚点后，按<Delete>键删除，得到图3-3-16所示效果。

项目3　图标设计

14）新建图层命名为"躯干"，在工具栏中选择"钢笔工具"，钢笔工具属性栏左上角选择"路径"，用钢笔工具绘制"躯干"路径，如图3-3-17所示。

15）绘制好"躯干"路径后，按<Ctrl+Enter>组合键调出选区，按<Alt+Delete>组合键填充前景色，得到如图3-3-18所示效果。

16）填充好前景色后，按<Ctrl+D>组合键取消选区，得到图3-3-19所示效果。

图3-3-16　删除锚点后效果　　图3-3-17　绘制"躯干"路径　　图3-3-18　填充前景色　　图3-3-19　图标中部效果

17）新建图层命名为"下肢"，选择"椭圆工具"，设置大小为153×153像素，填充颜色选择无，描边大小为25像素，描边颜色为000000，得到如图3-3-20所示效果。

18）在工具栏长按"钢笔工具"，在弹出钢笔工具组中选择"删除锚点工具"，如图3-3-21所示。

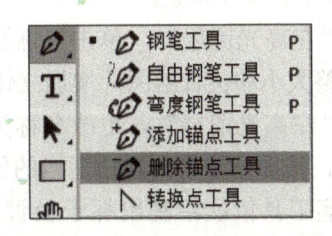

图3-3-20　绘制"下肢"　　图3-3-21　选择"删除锚点工具"

19）在图层面板中单击"下肢"图层，用"删除锚点工具"单击"下肢"图层底部的锚点，如图3-3-22所示。

20）用"删除锚点工具"单击"下肢"图层底部锚点后，按<Delete>键删除。通过调整每个图层到适宜的位置，图标绘制完成，举重图标最终效果如图3-3-23所示。

图3-3-22　使用"删除锚点工具"　　图3-3-23　举重图标最终效果

Photoshop平面设计基础

🔔 任务小结

本任务使用钢笔工具组中的多个工具来绘制图标，通过绘制、调节、删除等操作，最终达到想要的绘制效果。本任务涉及钢笔工具的基本方法，今后通过不断的实践和探索，可以更加熟练地运用这个工具组来创作复杂的图形和路径。

🔔 任务拓展

为了更好地掌握钢笔工具，本次拓展任务多利用钢笔工具绘制奶茶店图标，也可以利用少许形状工具辅助绘制图标，效果如图3-3-24所示。

扫码看视频

1）在Photoshop主页界面内单击左侧的"新文件"或按<Ctrl+N>组合键弹出新建文档对话框，在该对话框内设置高度和宽度参数为315×315像素，分辨率为100，单击"创建"按钮。

2）在工具栏中选择"椭圆工具"，单击画布，在弹出的"椭圆工具"属性栏中输入宽度和高度均为250像素，填充色值为"d63d68"，命名该图层为"底圆阴影"。添加"阴影"图层样式，设置混合模式为"正片叠底"，色值为"fe2764"，不透明度为46%，距离为2像素，扩展为1%，大小为10%。

图3-3-24　奶茶店图标效果

3）复制"底圆阴影"图层，更改图层名为"底圆"，删除图层样式效果。单击该图层，选择"椭圆工具"，填充选择渐变，左色标值为"fc97af"，右色标值为"ff739b"，角度为–90度，向上移动10像素。

4）新建"左高光图层"，单击"椭圆工具"，填充色为"白色"。将不透明度更改为22%，适当调整大小和位置给图片增加立体感。

5）复制"左高光图层"，更改名称为"右高光图层"，将图层不透明度调整为20%，调整形状大小，把图层拖动到右边适当的位置。

6）用钢笔工具依次绘制出杯子吸管、香芋丸子、餐盘，合并形状。双击该图层添加"渐变叠加"图层样式，设置混合模式为"正常"，不透明度为100%，渐变色左色标值为"ffe3e3"、右色标值为"f5fdff"，样式为"线性"。

勾选"投影"图层样式，设置混合模式为"正片叠底"，色值为"990029"，不透明度为46%，距离为2像素，扩展为1%，大小为10%。单击"确定"按钮。

68

项目4 字体设计

字体设计在现代设计领域的应用非常广泛，常应用于广告、标志、包装、书籍、空间和新媒体媒介等设计中，只要有文字出现的地方基本就涉及字体设计。

经过设计的字体，同时具备传播功能和审美意向，除了实现准确传达信息的基础功能，还能提升作品的艺术美感，使其视觉传达更为强烈与丰富，给用户留下深刻印象。优秀的字体设计不仅能够提升作品的商业价值，更能突出作品的艺术内涵。

在本项目中，主要运用Photoshop的文字工具，并结合混合模式、滤镜等功能制作不同应用场景下的字体设计效果。

知识目标

- 了解字体设计在不同应用场景的呈现。
- 掌握文字工具的基本操作方法。
- 掌握混合模式、滤镜等工具的基本操作方法。

技能目标

- 能够熟练使用文字工具、属性栏及字符面板对文字进行编辑。
- 能够熟练运用混合模式、滤镜等工具为文字添加特殊效果。
- 能够综合运用文字工具及其他工具制作不同应用场景下的文字效果。

素养目标

- 培养审美与创新意识，以及积极探究、学以致用的学习态度。
- 传承尊师重教的中华优良传统。

任务1　粉笔字效果设计

任务描述

粉笔字体效果常应用于校园相关主题活动的宣传设计之中。教师节快到了，学校宣传部的同学准备设计教师节主题宣传海报。本任务主要使用文字工具、滤镜和混合模式等功能制作粉笔字效果，最终完成一份教师节主题宣传海报，完成效果如图4-1-1所示。

图4-1-1　粉笔字效果图

扫码看视频

知识技能

学会使用文字工具、滤镜和混合模式功能完成粉笔字效果制作。

1. 文字工具的使用

（1）文字工具组（快捷键<T>）

单击 T.或按快捷键<T>，即可弹出文字工具组，如图4-1-2所示。

Photoshop的文字工具组包含四个工具，分别是横排文字工具、直排文字工具、直排文字蒙版工具和横排文字蒙版工具。其中，横排文字工具和直排文字工具主要用来创建实体的文字对象，而横排文字蒙版工具和直排文字蒙版工具主要用来创建文字选区，所创建选区可以像其他选区一样进行移动、填充、描边等操作，制作特殊效果。

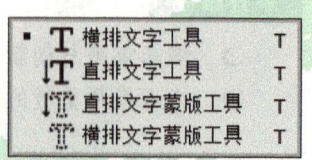

图4-1-2　文字工具组

（2）文字工具属性栏

选择"横排文字工具"后，"横排文字工具"属性栏如图4-1-3所示。

项目4　字体设计

①切换文字方向　③设置字体样式　⑤设置消除锯齿的方法　⑦设置文本颜色　⑨切换字符和段落面板
②搜索和选择字体　④设置字体大小　⑥设置文本对齐方式　⑧创建文字变形　⑩从文本创建3D

图4-1-3　"横排文字工具"属性栏

切换文字方向按钮：如果当前文字为横排文字，单击该按钮，可将其转换为直排文字；如果是直排文字，则可将其转换为横排文字。

搜索和选择字体：在此选项下拉列表中可以搜索和选择字体。

设置字体样式：在此选项下拉列表中可以选择字体样式，该选项只对部分字体有效，包括Regular（常规）、Italic（斜体）、Blod（粗体）和Bold Italic（粗斜体）4个选项。

设置字体大小：在此选项下拉列表中可以选择字体的大小，或者直接输入数值来调整字体大小。

设置消除锯齿的方法：在此选项下拉列表中可以选择为文字消除锯齿的方法，共有4种方法可供选择。选择"无"将不应用消除锯齿功能；选择"锐利"可使文字边缘有清晰的轮廓；选择"犀利"可以使文字显得鲜明；选择"浑厚"可使文字显示得粗重一些；选择"平滑"可使文字变得平滑。

设置文本对齐方式：在文字工具的选项栏中提供了3种文本段落对齐方式的按钮，选择文本后，单击所需要的按钮，就可以使文本按指定的方式对齐。

设置文本颜色：单击颜色块，可以在打开的拾色器中设置文字的颜色。

创建文字变形：单击该按钮，可在打开的"变形文字"对话框中为文本添加变形样式，创建变形文字。

切换字符和段落面板：单击该按钮，可以显示或隐藏"字符"和"段落"面板。在该面板中，除了常见的字体、字体样式、字体大小、文本颜色和消除锯齿等设置，还包括行距、字距等，如图4-1-4所示。

搜索和选择字体　设置字体样式
设置字体大小　设置行距
字距微调　字距调整
比例间距
垂直缩放　水平缩放
设置基线偏移　设置文本颜色
设置文本样式
OpenType功能
语言设置　消除锯齿方式

图4-1-4　"字符"和"段落"面板

从文本创建3D：单击该按钮，文字可以进入3D效果编辑状态。

（3）输入文字

输入点文字：选择"横排文字工具"T或"直排文字工具"IT，在工作区单击鼠标左键，则可建立文字输入点，然后进行输入，这样创建的文字每一行（列）都是独立的，行

71

（列）的长度随着编辑增加，但不会自动换行（列）。

输入段落文字：选择"横排文字工具"T或"直排文字工具"IT，沿对角线方向拖动鼠标，为文字定义一个任意大小的外框，接着在文本框中的插入点输入文字，文字将根据外框的尺寸自动换行，在输入文字时或创建文字图层后，可以通过调整外框的大小使文本重新排列。

输入或编辑完文字后，单击选项栏中的"提交"✔按钮，或按<Enter>键，也可以按快捷键<Ctrl+Enter>结束编辑。

注意：在输入点文本或段落文本时会自动创建一个文字图层，并且在"图层"面板中可使用T图标来标识文字图层。

2. 混合模式的使用

在Photoshop中图层的"混合模式"是指一个图层与其下方图层色彩混合的方式。图层的"混合模式"分为6组，共27种，如图4-1-5所示。

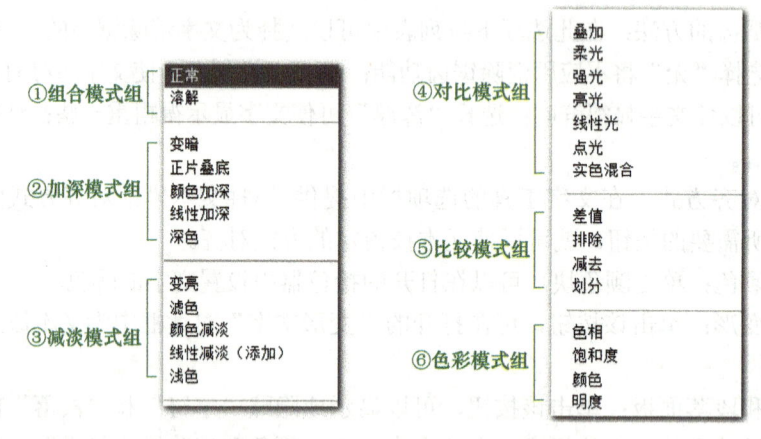

图4-1-5 "混合模式"下拉列表

组合模式组：该组中的混合模式需要降低图层的"不透明度"或"填充"数值才能产生作用，这两个参数的数值越低，就越能看到下面图层的图像。

加深模式组：该组中的混合模式可以使图像变暗，在混合过程中，当前图层的白色像素会被下层较暗的像素替代。

减淡模式组：该组中的混合模式可以使图像变亮，在混合过程中，图像中的黑色像素会被较亮的像素代替，而任何比黑色亮的像素都有可能提亮下层图像。

对比模式组：该组中的混合模式可以加强图像的差异，在混合时，50%的灰色会完全消失，任何亮度值高于50%灰色的像素都有可能提亮下层的图像，亮度值低于50%灰色的像素则可能使下层图像变暗。

比较模式组：该组中的混合模式可以比较当前图层图像与下层图层图像，将相同的区域显示为黑色，不同的区域显示为灰色或彩色。如果当前图层中包含白色，那么白色区域会使下层图像反相，而黑色不会对下层图层图像产生影响。

色彩模式组：使用该组的混合模式时，Photoshop会将色彩分为色相、饱和度、颜色和明度，然后将其中的一种或两种应用在混合后的图像中。

项目4　字体设计

任务实施

1. 打开背景素材，输入文字

启动Photoshop 2022，打开"教师节黑板背景"素材，单击工具箱中的"横排文字工具"按钮（快捷键<T>），在画面中单击并输入相应文字，在选项栏或字符面板中设置合适的字体及大小，文字颜色设置为白色，调整字符间的字距和行距，最后单击选项栏中的"提交"✔按钮结束编辑，把文字调整到合适位置，如图4-1-6所示。

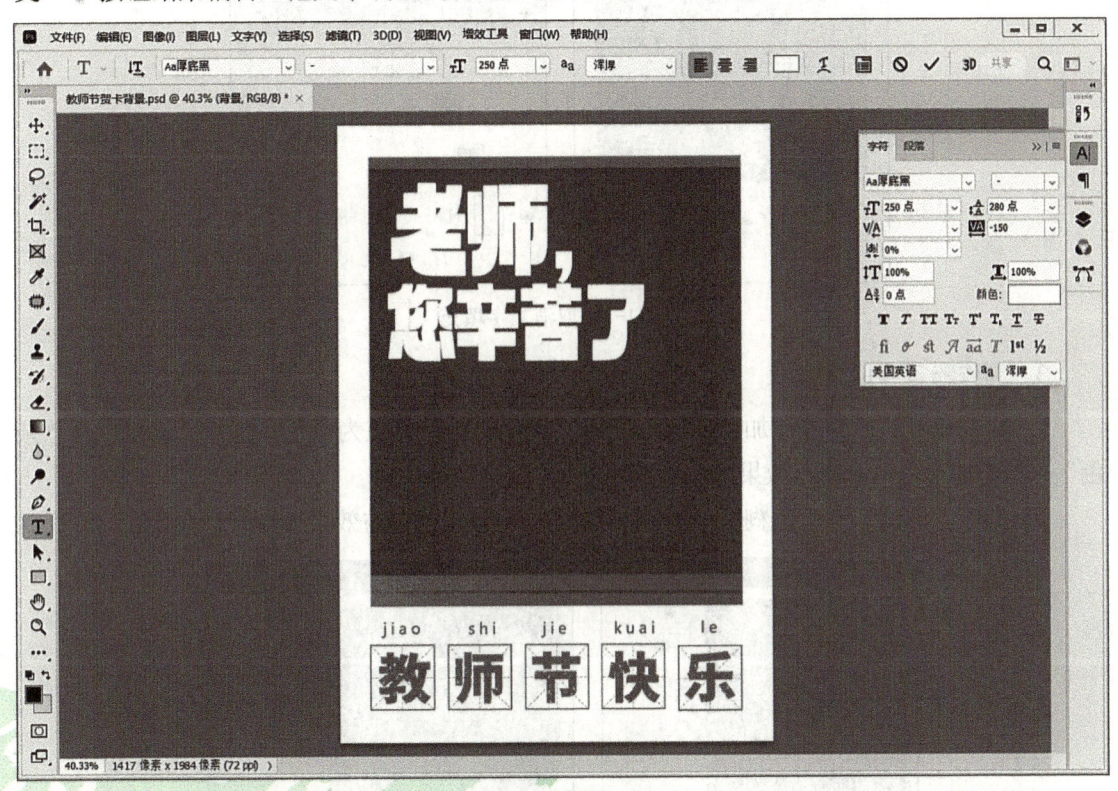

图4-1-6　输入文字

2. 设置文字描边效果

1）双击文字图层，打开图层样式的混合选项，勾选"描边"，为文字添加白色外部描边，设置如图4-1-7所示。

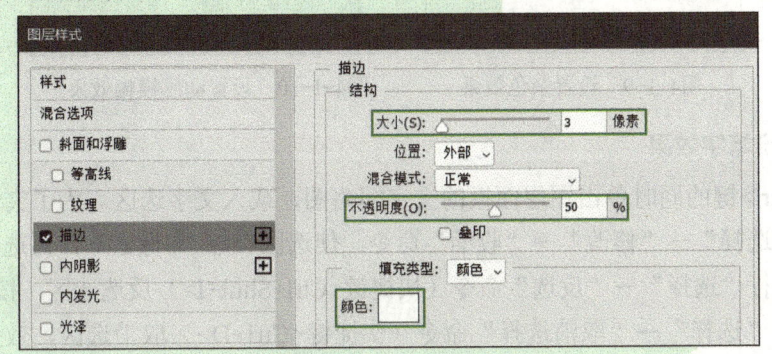

图4-1-7　图层样式描边设置

73

2）在图层面板中单击"填充"下拉按钮，将文字图层的填充效果改为"0"，效果如图4-1-8所示。

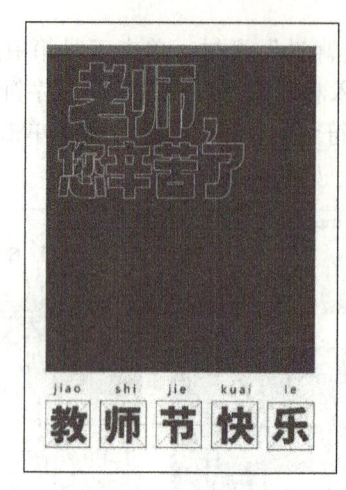

图4-1-8　取消文字填充

3. 制作粉笔字肌理效果

1）单击图层面板的"添加新图层"按钮，新建图层并填充为白色，执行"滤镜"→"杂色"→"添加杂色"命令，效果如图4-1-9所示。

2）执行"滤镜"→"模糊"→"动感模糊"，参数设置与效果如图4-1-10所示。

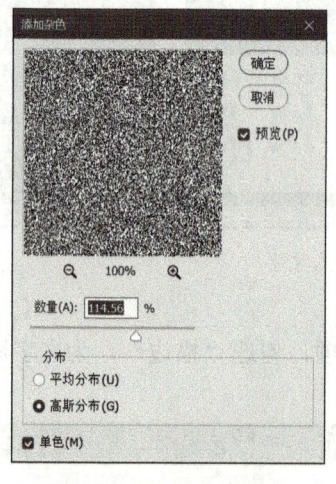

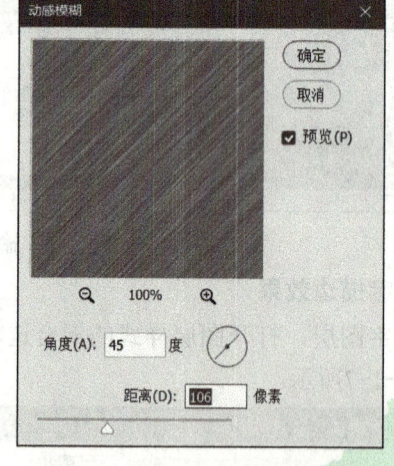

图4-1-9　设置杂色效果　　　图4-1-10　设置动感模糊效果

4. 设置粉笔字效果

1）按<Ctrl>键的同时单击图层面板的文字缩略图，载入文字选区。为了突出文字的描边效果，执行"选择"→"修改"→"收缩"命令，使选区收缩"3像素"，再选择"粉笔字肌理"图层，执行"选择"→"反选"命令（快捷键<Ctrl+Shift+I>）反选选区，按<Delete>键删除选区，执行"选择"→"取消选择"命令（快捷键<Ctrl+D>）取消选区，效果如图4-1-11所示。

项目4　字体设计

图4-1-11　设置粉笔字效果

2）在图层面板中，设置图层混合模式为"线性光"，为增强肌理效果，复制"粉笔字肌理"图层，然后同时选择两个图层后合并图层，效果如图4-1-12所示。

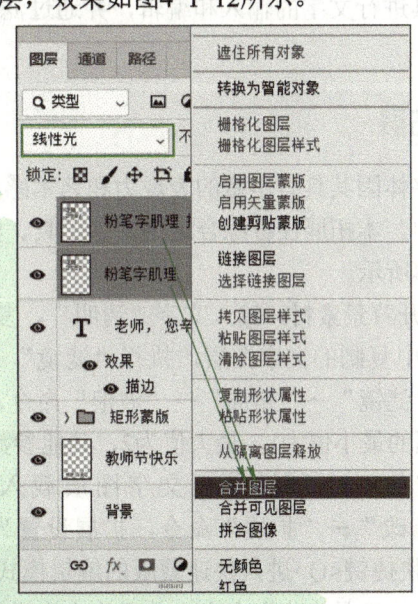

图4-1-12　增强粉笔字效果

5. 添加图形装饰元素

1）把素材文件夹中的"老师"素材导入到版面中，添加矩形剪贴蒙版并调整图层顺序，同时把文字图层和肌理图层顺序调整到"老师"人物图层下方，如图4-1-13所示。

图4-1-13　插入人物素材并调整图层顺序

2）再把其他的装饰元素导入到绘图区域中，最终完成效果如图4-1-1所示。

任务小结

粉笔字效果被广泛应用于校园主题相关的设计场景中，本次任务主要学习利用Photoshop的文字工具进行文字的输入和编辑，并通过滤镜和图层混合模式的综合运用，最终完成粉笔字效果。

任务拓展

书法字体因其具有丰富的表现力和艺术感染力而被广泛应用在现代设计的各个领域中。本拓展任务综合运用文字工具、滤镜等工具制作书法字体效果，如图4-1-14所示。

扫码看视频

1）打开背景素材，输入文字"清明"，复制文字图层并栅格化图层。

2）选中复制的文字图层，执行"滤镜"→"模糊"→"高斯模糊"命令，半径为10像素；执行"滤镜"→"扭曲"→"波浪"命令，生成器数设置为5，波长最小值为25，最大值为29，波幅的最小值为1，最大值为2，其他参数选择系统默认。

3）按住<Ctrl>键单击文字图层载入选区，执行"选择"→"修改"→"扩展"命令，扩展设置为3像素。

4）按快捷键<Q>进入快速蒙版的编辑模式，执行"滤镜"→"像素化"→"晶格化"命令，单元格大小设置为3。

5）按快捷键<Q>退出快速蒙版的编辑样式，按快捷键<Ctrl+Shift+I>反选后按<Delete>键删除不要的部分。

6）调整各图层的不透明度，使得水墨效果更逼真。

图4-1-14　书法字体效果

项目4　字体设计

任务2　立体字设计

🔷 任务描述

立体字设计是以文字为主导的设计，在平面设计中非常实用，它将文字以立体化的形式进行表现，可以增强视觉效果，达到突出文字主题的目的。某学校即将举办校园音乐节，委托广告公司制作校园音乐节宣传海报。本任务主要使用文字路径工具和渐变工具等制作校园音乐节宣传海报，完成效果如图4-2-1所示。

图4-2-1　立体字效果

🔷 知识技能

学会创建路径文字，并运用渐变工具等完成立体字效果的制作。

1. 路径文字的创建和编辑

路径文字是指沿着开放或封闭路径的边缘流动的文字，使用路径工具可以将文字灵活地排列成丰富多变的效果。

（1）在路径上创建文字

在图像中创建一条路径，选择"横排文字工具" T，将光标放在路径上，鼠标光标将变成 ↧ 图标，如图4-2-2所示。单击路径出现闪烁的光标，此处为输入文字的起始点，输入的文字会沿着路径的形状排列，效果如图4-2-3所示。

文字输入完成后，在"路径"控制面板中会自动生成文字路径层，如图4-2-4所示。取消"视图/显示额外内容"命令的选中状态，可以隐藏文字路径，如图4-2-5所示。

图4-2-2　光标放在路径上　图4-2-3　路径文字效果　图4-2-4　路径控制面板　图4-2-5　隐藏文字路径效果

（2）在路径上移动文字

选择"路径选择工具"，将光标放置在文字上，鼠标光标显示为图标，如图4-2-6所示。单击并沿着路径拖拽鼠标，使文字跟随鼠标在路径上移动，调整效果如图4-2-7所示。

（3）在路径上翻转文字

选择"路径选择工具"，将光标放置在文字上，鼠标光标显示为图标后单击鼠标向下拖拽，使文字沿路径进行翻转，效果如图4-2-8所示。

（4）修改路径的形态

选择"路径选择工具"，在路径上单击，通过控制手柄或移动锚点修改路径的形状，文字按照修改后的路径重新排列，效果如图4-2-9所示。

图4-2-6　选择路径文字　　图4-2-7　路径文字　　图4-2-8　路径文字　　图4-2-9　修改路径后
　　　　　　　　　　　　　　　　　移动效果　　　　　　　翻转效果　　　　　　　文字效果

注意："路径"控制面板中的文字路径层与"图层"控制面板中相对的文字图层是链接的，删除文字图层时，文字的路径层会自动被删除。如果要修改文字的排列形状，需要对文字路径进行修改。

2. 渐变工具

渐变工具可以在整个文档或选区内填充渐变色，并且创建多种颜色间的混合效果。选择"渐变"工具，或反复按快捷键<Shift+G>，其属性栏如图4-2-10所示。

项目4　字体设计

图4-2-10　渐变工具属性栏

①渐变颜色条　②渐变类型　③模式　④不透明度　⑤反向　⑥仿色　⑦透明区域　⑧渐变填充方法

渐变颜色条：显示了当前的渐变颜色，单击右侧倒三角图标，打开"渐变"预设列表，如图4-2-11所示。如果直接单击渐变颜色条，则会弹出"渐变编辑器"对话框，在该对话框中，可以编辑渐变颜色，或者保存渐变等，如图4-2-12所示。

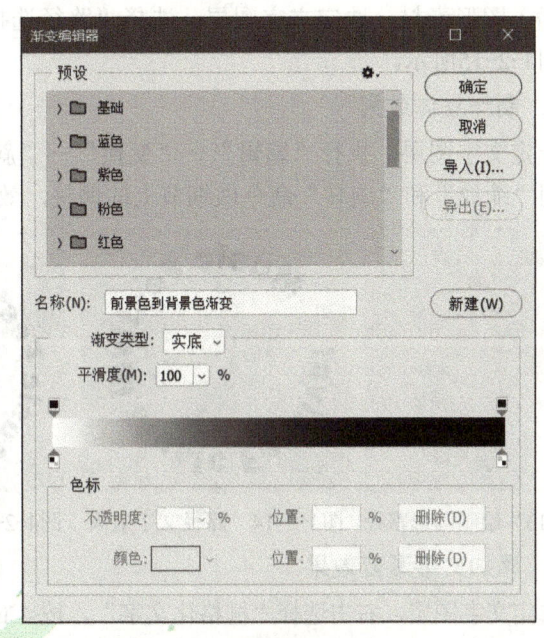

图4-2-11　"渐变"预设列表　　　　图4-2-12　"渐变编辑器"对话框

渐变类型：选择"线性渐变"，可以以直线方式创建从起点到终点的渐变；选择"径向渐变"，可以以圆形方式创建从起点到终点的渐变；选择"角度渐变"，可以创建围绕起点以逆时针扫描方式的渐变；选择"对称渐变"，可以使用均衡的线性渐变在起点的任意一侧创建渐变；选择"菱形渐变"，可以以菱形方式从中心点向外产生渐变。

模式：用来设置应用渐变时的混合模式。

不透明度：用来设置应用渐变时的不透明度。

反向：用于反转渐变中的颜色顺序，得到反方向的渐变结果。

仿色：选中该复选框可以使渐变效果更加平滑。

透明区域：选中该复选框可以对渐变填充使用透明蒙版。

渐变填充方法：选择渐变填充的方法。使用"可感知"选项是将渐变内插到OKLab色彩空间中，可创建自然的渐变，就像人眼看到现实世界中的自然渐变一样。使用"线性"选项是将渐变内插到线性色彩空间中，与"可感知"类似，也与人眼在自然世界中感知光的方式非常相似。"古典"选项是使用立方颜色插值的传统方法，可处理包含旧版Photoshop中创建的渐变的设计，因为此选项可帮助用户保留相同的外观。

任务实施

1. 打开背景素材并创建路径
打开背景素材，选择工具箱中的"椭圆工具"绘制圆形路径，如图4-2-13所示。

2. 输入路径文字
选择"横排文字工具"T，在路径中输入文字，设置合适的字体和大小，效果如图4-2-14所示。

3. 调整路径文字
插入图形素材，选定文字图层，选择"路径选择工具"，单击路径文字调整位置，效果如图4-2-15所示。

4. 制作立体效果
选定文字图层，执行"编辑"→"变换"→"斜切"命令，让路径文字产生空间感，也可使用"缩放"和"旋转"命令做细节上的调整，效果如图4-2-16所示。

图4-2-13 绘制圆形路径　　图4-2-14 路径文字效果　　图4-2-15 调整路径文字　　图4-2-16 制作立体效果

5. 添加文字渐变效果
选定文字图层，右击选择"栅格化文字"，按<Ctrl>键的同时单击图层面板的文字缩略图，载入文字选区。选择"渐变"工具，单击渐变颜色条，在"渐变编辑器"中设置渐变颜色，如图4-2-17所示。在工作区中拖动鼠标，把渐变颜色应用到文字上，效果如图4-2-18所示。

图4-2-17 设置渐变颜色　　图4-2-18 添加文字渐变效果

项目4　字体设计

6. 添加其他元素

添加其他元素，完成主题海报制作，整体效果如图4-2-1所示。

任务小结

在Photoshop 2022中，立体文字可以通过多种方式来实现，如以投影表现立体文字、以斜面和浮雕表现立体文字、以错位描边表现立体文字或以3D命令表现立体文字等。本次任务主要学习利用路径实现文字环绕效果，并通过对文字的斜切变换调整产生文字立体感，从而达到"立体文字设计"的效果。

任务拓展

设计Logo字体。在标志设计中，经常按特定形状排列文字。本拓展任务主要运用路径文字工具完成徽章类标志的环绕文字效果，如图4-2-19所示。

扫码看视频

1）在需要添加文字的标志图形中建立路径。

2）分别在各个路径中添加相应文字，设置字体、大小、颜色等属性。

3）使用路径选择工具调整文字的位置和方向，最终完成Logo字体效果。

图4-2-19　Logo文字效果

任务3　霓虹灯效果字体设计

任务描述

将平淡的文字赋予光影特效，可以让文字产生强烈的层次感与神秘感。霓虹灯效果字体具有独特的复古氛围感，常应用于招牌设计之中。某地区文旅部门计划举办星光集市以激活本地经济，现需要制作宣传海报进行商业推广。本任务主要使用了文字工具、滤镜和图层样式等工具制作星光集市宣传海报，完成效果如图4-3-1所示。

知识技能

学会利用各种滤镜功能完成霓虹灯效果字体制作。

扫码看视频

1. 使用滤镜库处理画面

滤镜库是一个集合了多个滤镜的对话框。在滤镜库中，可以对一张图像应用一个或多个滤镜，或对同一图像多次应用同一滤镜。执行"滤镜"→"滤镜库"命令，打开滤

图4-3-1　星光集市海报效果图

镜库窗口。在滤镜库中选择某个组，并在其中单击某个滤镜，在预览窗口中即可观察到滤镜效果，在右侧的参数设置面板中可以进行参数的设置，调整完成后单击"确定"按钮结束操作，如图4-3-2所示。

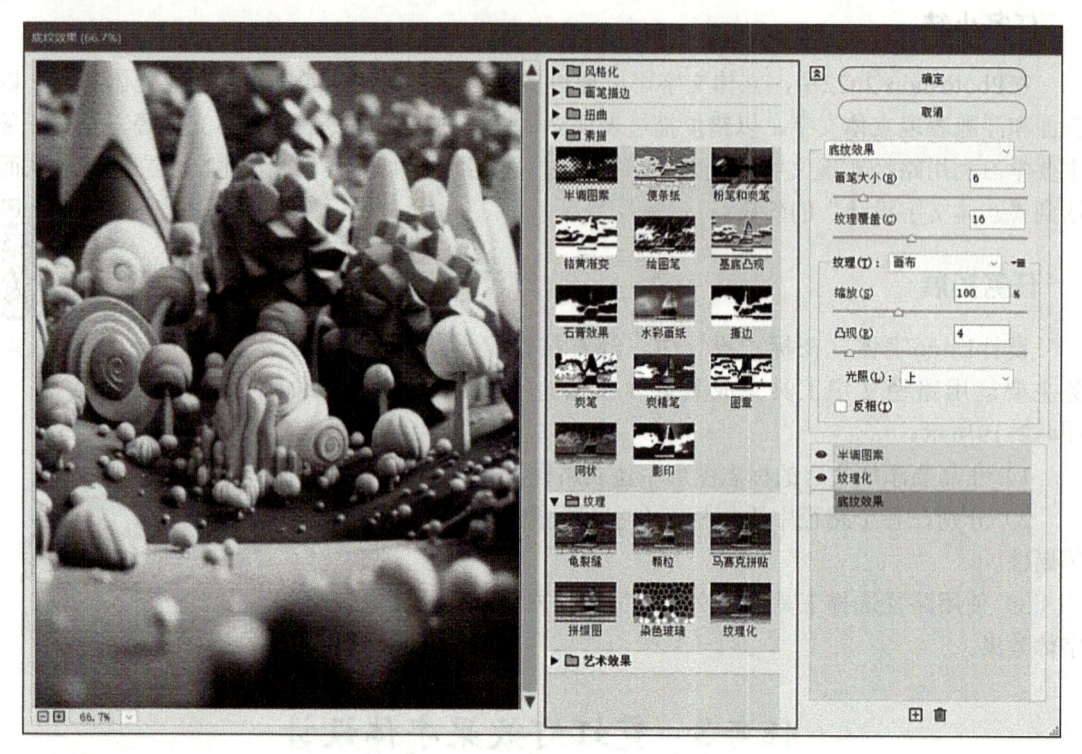

图4-3-2 "滤镜库"对话框

2. "液化"

"液化"滤镜命令可用于推、拉、旋转、反射、折叠和膨胀图像的任意区域。执行"滤镜"→"液化"命令，打开"液化"对话框，"液化"对话框提供了液化滤镜的工具、属性和图像预览，如图4-3-3所示，通过选用"液化"对话框中不同的工具，可以制作出各种类似液化的图像变形效果。

3. "扭曲"滤镜

"扭曲"滤镜包括12种，这一系列滤镜都是用几何学原理对影像中所选择的区域进行变形、扭曲，以下介绍两种常用的"扭曲"滤镜。

（1）"球面化"滤镜

"球面化"滤镜可以将选区内的图像或整个图像扭曲为球形。打开一张待处理的图片，执行"滤镜"→"扭曲"→"球面化"命令，打开"球面画"对话框，如图4-3-4所示。

数量：用来设置图像球面化的程度。当设置为正值时，图像会向外凸起；当设置为负值时，图像会向内收缩。

模式：用来选择图像的挤压方式，包括正常、水平优先和垂直优先三种方式。

（2）"旋转扭曲"滤镜

"旋转扭曲"滤镜可以顺时针或逆时针旋转图像，旋转会围绕图像的中心进行处理。打开

项目4　字体设计

一张待处理的图片，执行"滤镜"→"扭曲"→"旋转扭曲"命令，打开"旋转扭曲"对话框，如图4-3-5所示。

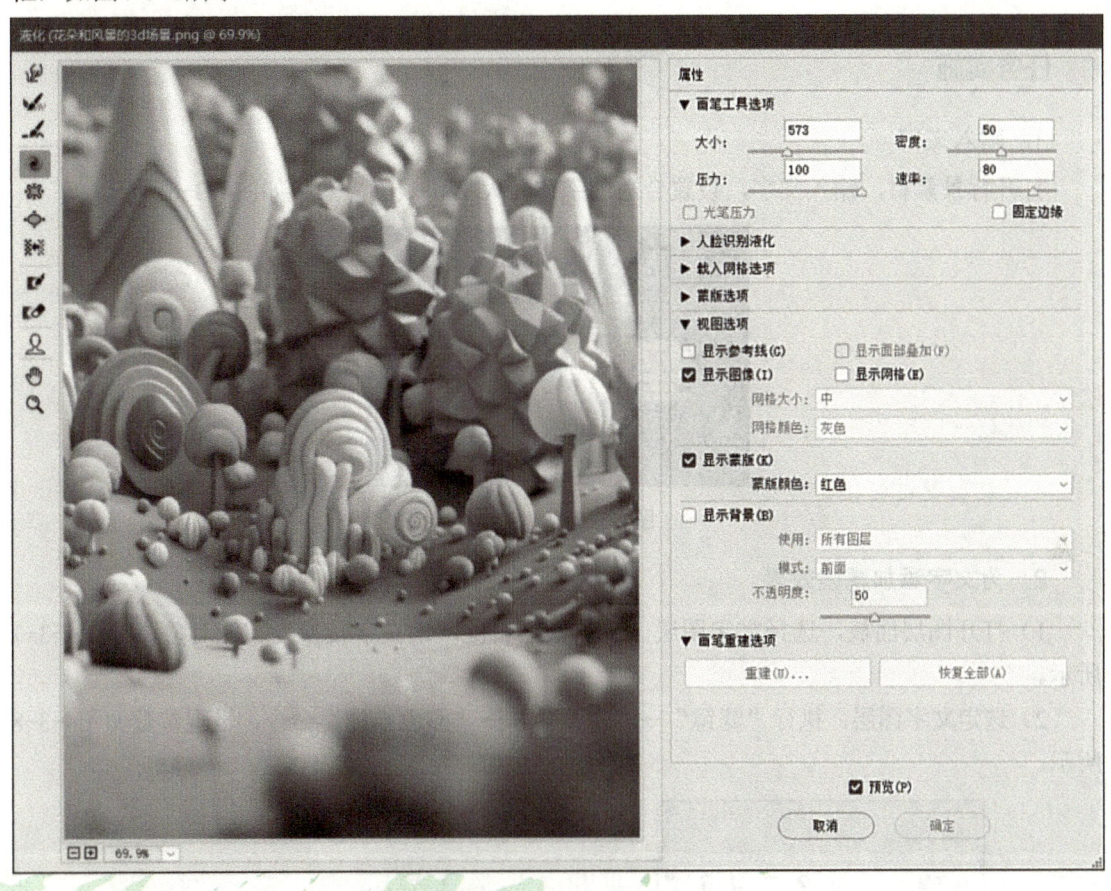

图4-3-3　"液化"对话框

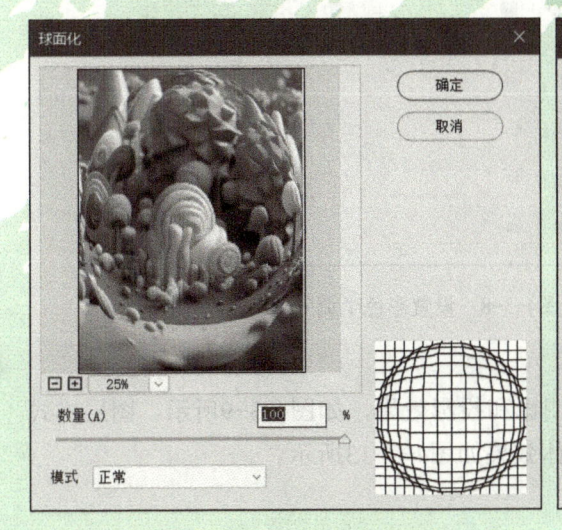

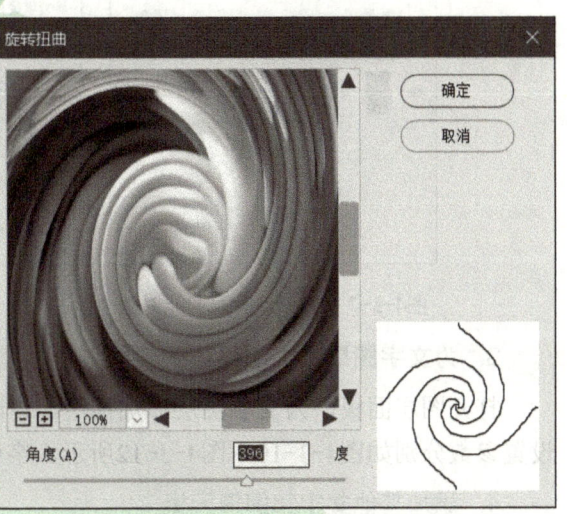

图4-3-4　"球面化"对话框　　　　　　图4-3-5　"旋转扭曲"对话框

角度：用来设置旋转扭曲方向。当设置为正值时，会沿顺时针方向进行扭曲；当设置为负值时，会沿逆时针方向进行扭曲。

任务实施

1. 输入文字

打开背景素材，输入文字，设置合适的字体、大小和颜色，效果如图4-3-6所示。

图4-3-6　输入文字

2. 为文字添加滤镜效果

1）打开图层面板，选择文字图层，单击鼠标右键，把文字转换为智能对象，如图4-3-7所示。

2）选定文字图层，执行"滤镜"→"像素化"→"彩色半调"命令，设置参数如图4-3-8所示。

图4-3-7　文字转换为智能对象　　图4-3-8　设置彩色半调效果

3. 为文字图层添加图层样式效果

打开图层面板，为文字图层添加描边、内阴影和投影效果，如图4-3-9所示。图层样式设置参数分别如图4-3-10～图4-3-12所示，字体效果如图4-3-13所示。

4. 添加其他文字和图形元素

在背景素材中添加其他文字和图形元素，完成星光集市海报的制作，效果如图4-3-1所示。

项目4　字体设计

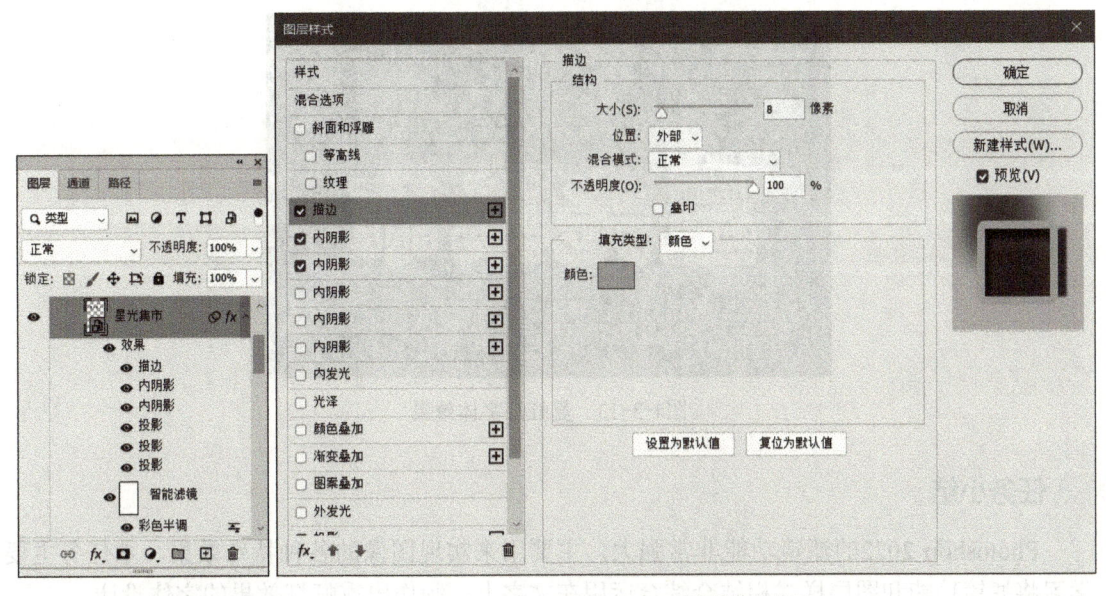

图4-3-9　设置图层样式效果　　　　图4-3-10　设置描边效果

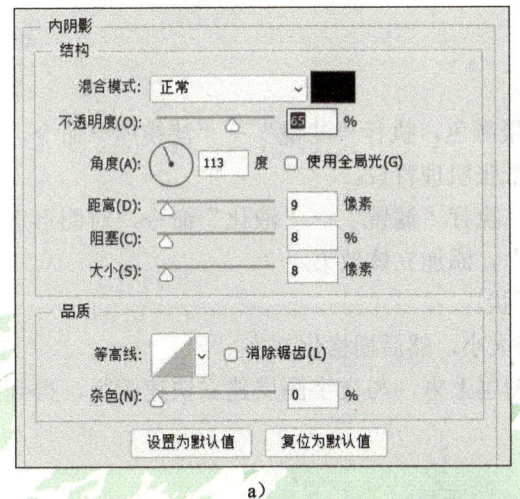

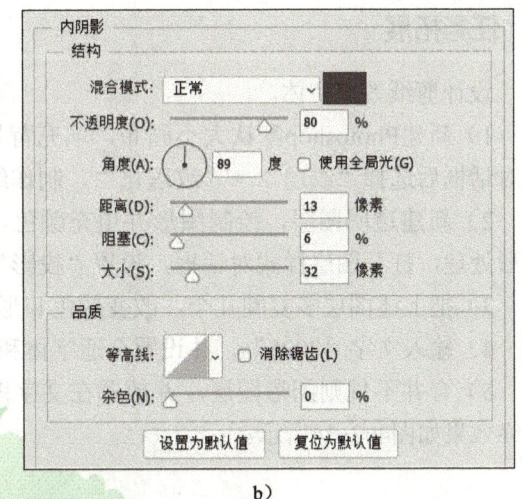

a)　　　　　　　　　　　　　　　　b)

图4-3-11　设置内阴影效果

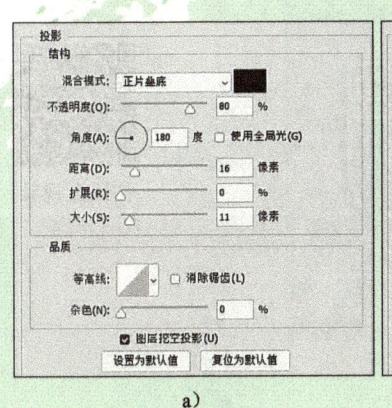

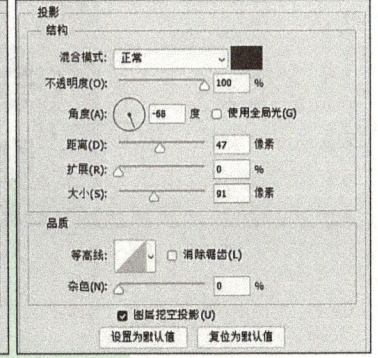

a)　　　　　　　　　　b)　　　　　　　　　　c)

图4-3-12　设置投影效果

图4-3-13　霓虹灯字体效果

任务小结

Photoshop 2022的滤镜功能非常强大，主要用来实现图像的各种特殊效果，本任务主要学习将滤镜功能和图层样式相结合综合运用在文字上，制作出霓虹灯效果的字体设计。

任务拓展

设计剪纸效果字体。

1）新建Photoshop默认大小画布，填充背景颜色，执行"滤镜"→"滤镜库"命令，打开对话框后选择"纹理"→"纹理化"，制作纸张肌理背景。

2）新建透明图层，绘制图形并填充颜色，执行"滤镜"→"液化"命令，对图形进行变形处理，打开图层样式对话框，设置"投影"，添加立体效果。

3）把上述图层多复制几个，改变颜色和形状。

4）输入文字"2025"，并设置合适字体和大小，然后栅格化文字。

5）合并不规则图形图层，并放置在文字图层上方，与文字图层建立快速蒙版，得到的最终效果如图4-3-14所示。

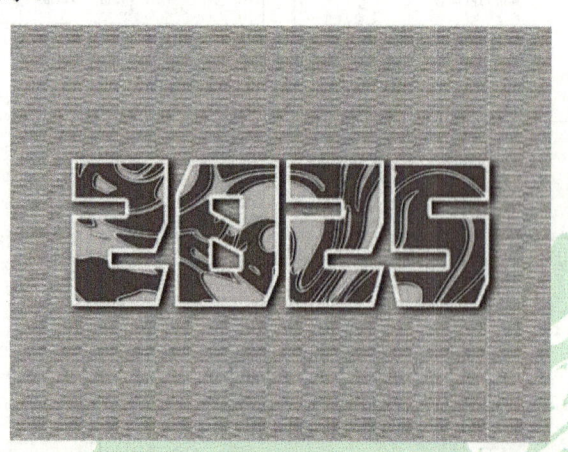

图4-3-14　剪纸字体设计效果

扫码看视频

项目5 海报设计

海报设计是一种通过图像、文字和色彩等元素来传达特定信息和概念的工具。它在广告、宣传和室内装饰等领域发挥着重要作用。通过创造独特的视觉效果，海报设计可以吸引观众的眼球，传达出各种各样的信息，并引发观众的共鸣，如活动宣传海报、商品广告海报等。

海报设计是图像处理技术的综合应用。通过矢量图形工具、图章工具、文字工具、画笔工具、滤镜以及图层混合模式等在海报设计中的综合应用，设计师们能够创造出更加精美、独特、符合特定需求的海报作品。

知识目标

- 了解海报设计中常用的矢量图形工具、图章工具、文字工具、画笔工具的使用方法和应用场景。
- 了解海报设计中常用滤镜的种类以及使用方法。
- 了解图层混合模式的作用以及使用方法。

技能目标

- 熟练掌握矢量图形工具、图章工具、文字工具以及画笔工具的组合运用。
- 掌握常用滤镜的参数设置以及使用方式。
- 掌握图层混合模式的使用步骤。

素养目标

- 培养美感，能够通过平面设计传递正确的价值观。

Photoshop平面设计基础

任务1　制作汽车地铁宣传海报

◎ 任务描述

由于地铁提供了出行方便，地铁站及车厢成为汽车销售推广的最佳展位。某车商为了宣传新款汽车，决定为这款汽车制作海报并投放到地铁站。本任务主要运用仿制图章工具去除无关内容，并通过文字工具属性栏调整文字，同时使用矢量工具绘制矩形元素，最终完成效果如图5-1-1所示。

扫码看视频

图5-1-1　汽车宣传海报效果

◎ 知识技能

学会利用缩放工具、图章工具、图像的旋转和变形、矢量图形工具、文字工具进行图像处理，完成简单的海报制作。

1. 缩放工具

选择"缩放工具"，即可弹出缩放工具，如图5-1-2所示。
选择"缩放工具"后，工具属性栏显示如图5-1-3所示。

图5-1-2　缩放工具

图5-1-3　"缩放工具"属性栏

缩放工具默认为放大，按住<Alt>键切换为缩小，单击画面进行缩放。

"缩放工具"的操作方式是：在图像中点按需要缩放的局部并左右移动鼠标，往左移动是缩小，往右移动是放大。也可以在任何工具状态下滚动鼠标滚轮同时按住<Alt>键进行缩放。

项目5　海报设计

2. 图章工具

选择"图章工具" ，即可弹出图章工具组，如图5-1-4所示。

图5-1-4　图章工具组

选择"仿制图章工具"后，工具选项栏左侧出现：仿制图章工具选项，包括"画笔预设""画笔设置""切换仿制源面板"以及"模式"等。

图章工具组下面有"仿制图章工具""图案图章工具"两种模式，它们的属性栏基本一致，如图5-1-5和图5-1-6所示。

图5-1-5　"仿制图章工具"属性栏

图5-1-6　"图案图章工具"属性栏

"仿制图章工具"的操作方式是：按住<Alt>键同时鼠标单击图像中需要仿制的内容作为仿制源进行仿制。

3. 图像的旋转和变形

在"编辑"菜单下选择"自由变换"（快捷键<Ctrl+T>），如图5-1-7所示。

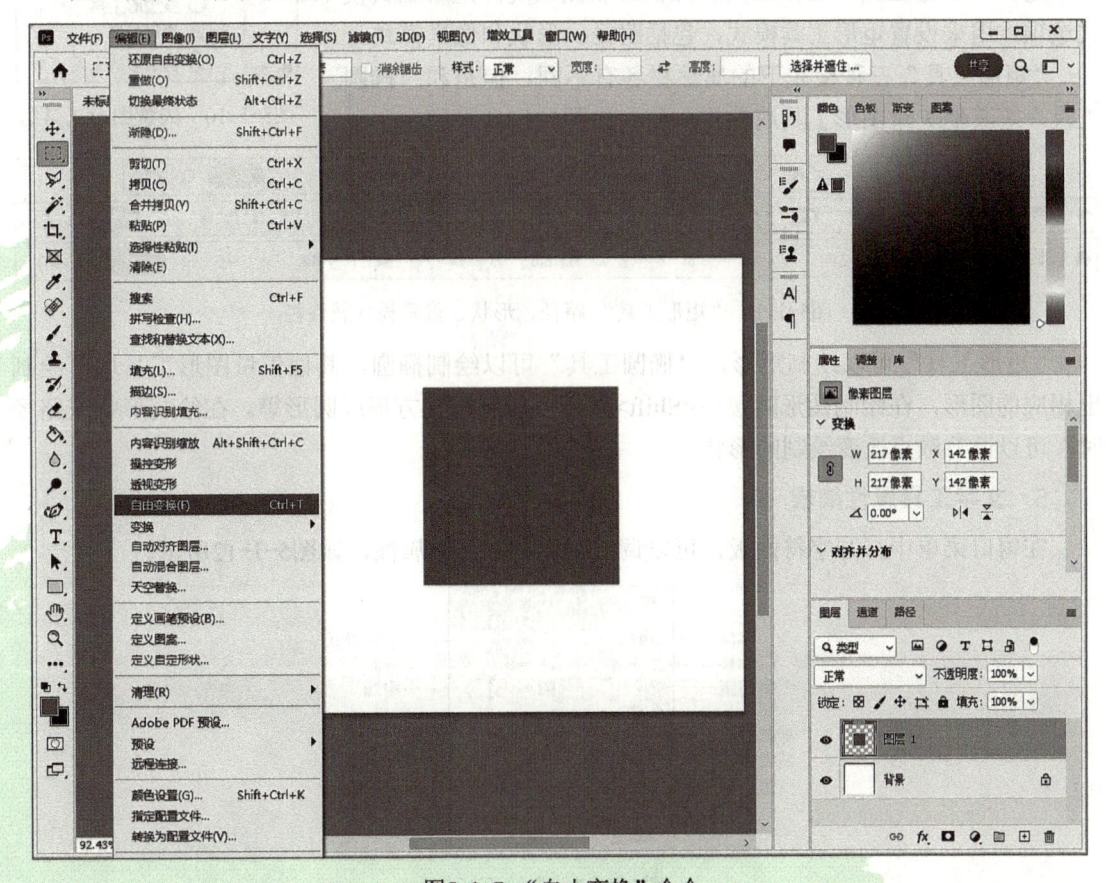

图5-1-7　"自由变换"命令

图像的旋转：选择需要旋转的图像图层按快捷键<Ctrl+T>，周围出现调整框后把鼠标移动到调整框的外围进行旋转，如图5-1-8所示。

图像的变形：选择需要变形的图像图层按快捷键<Ctrl+T>，鼠标右键弹出对话框选择"变形"选项，调整锚点进行图像变形，如图5-1-9所示。

a)

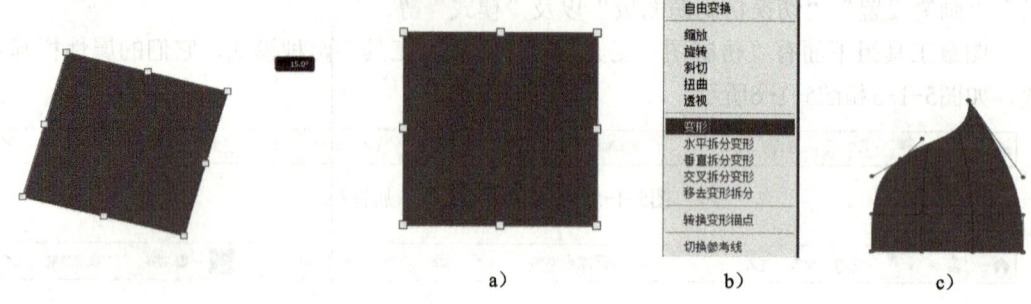

图5-1-8 图像的旋转

b) c)

图5-1-9 图像的变形

4. 矢量图形工具

选择"矩形工具" ▭，弹出矢量图形工具组，如图5-1-10所示。

选择"矩形工具"后，工具属性栏最左侧出现：矩形工具模式选项，用来设置矩形工具模式，包括路径、形状和像素模式。

"矩形工具"三种模式下的属性栏各有不同，但是和"椭圆工具"等其他矢量图形工具属性栏一致，如图5-1-11所示。

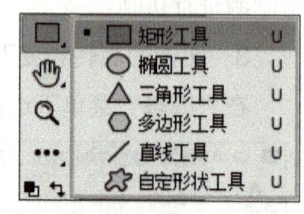

图5-1-10 矢量图形工具组

图5-1-11 "矩形工具"路径、形状、像素模式属性栏

"矩形工具"可以绘制矩形，"椭圆工具"可以绘制椭圆，其他矢量图形工具均可绘制出相应的图形，在绘制图形时按住<Shift>键可以绘制出正方形或圆形等。在绘制形状或路径时，可以调节锚点改变绘制的形状。

5. 文字工具属性编辑

在窗口菜单中打开字符面板，可以调节字体、字号等属性，如图5-1-12所示。

图5-1-12 字符面板

任务实施

1. 打开素材

启动Photoshop 2022，打开素材"汽车.jpg"，使用仿制图章工具去除远处高楼上几处其他品牌Logo。首先按快捷键<Z>使用缩放工具把Logo放大便于观察，然后按快捷键<S>调出仿制图章工具，按住<Alt>键在适当的地方获取仿制源进行仿制去除Logo，如图5-1-13所示。

图5-1-13　使用仿制图章工具去除Logo

2. 输入文字

使用文字工具分别输入"优雅与生俱来""新车上市享大额优惠"文字，并调整文字的位置及文字属性，详细参数图5-1-14所示。

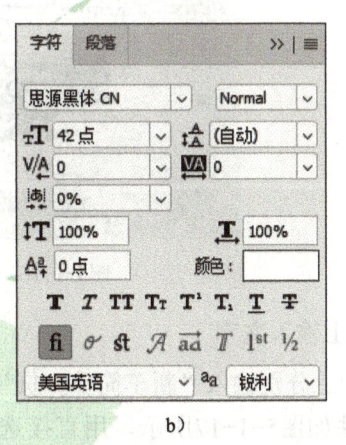

a)　　　　　　　　　　b)

图5-1-14　"优雅与生俱来""新车上市享大额优惠"文字属性参数

3. 绘制矩形

使用矩形工具在"新车上市享大额优惠"的文字下面绘制矩形。填充为渐变，色标颜色值为#7793ba，一个透明标拉到中间偏右，不透明度为100%，另一个透明标拉到右边，不透明度为0%，参数如图5-1-15所示。

4. 绘制菱形矩形

用矩形工具绘制一个长方形的形状，填充颜色值为#fb0000，按快捷键<Ctrl+T>自由变换，右击选择"斜切"，把长方形斜切成菱形并调整图层不透明度为58%，复制出两个相同的菱形并调整位置，效果如图5-1-16所示。

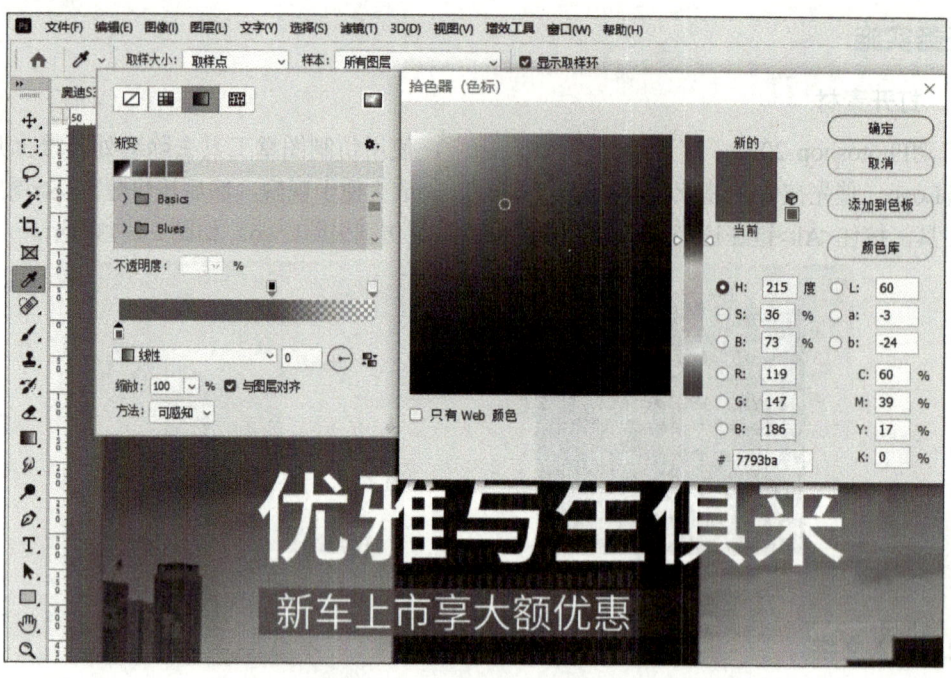

图5-1-15　矩形框渐变色参数

图5-1-16　菱形排列位置

5. 在菱形上输入文字

在三个菱形上分别输入"新车简单'贷'""1张身份证即可办理""0利率 当天放贷"文字，文字属性如图5-1-17所示，用直接选择工具调整菱形的锚点调节菱形长度，效果如图5-1-18所示。

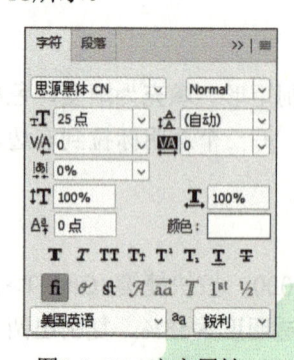

图5-1-17　文字属性

图5-1-18　文字排版效果

项目5　海报设计

6. 添加素材

置入素材"logo.png",调整位置大小,完成汽车地铁宣传海报制作,如图5-1-1所示。

◎ 任务小结

本任务主要学习利用图章工具、矢量图形工具、文字工具完成"汽车地铁宣传海报"。

◎ 任务拓展

利用图章工具、矢量图形工具、文字工具,制作"汽车宣传海报"。效果如图5-1-19所示。

操作提示：

1）打开"汽车素材.jpg",去掉右下角"新出行"水印。
2）置入"品牌LOGO.png"素材调整大小并置于左上角。
3）用直线工具绘制一条垂直线条并输入文字。
4）输入其他文字排版好位置。
5）在文字下方绘制矩形填充渐变。
6）绘制矩形并斜切成菱形并设置不透明度为70%。
7）绘制右下角形状（左边矩形填充无描边,右边矩形描边3像素无填充）。

扫码看视频

图5-1-19　汽车宣传海报效果

任务2　制作饼干宣传海报

◎ 任务描述

桃酥饼干馨香诱人,是一种南北皆宜的食品,以其酥、脆、甜的特点闻名全国,尤其得到老年人和孩子的喜爱。在"618"年中促销活动来临之际,为桃酥饼干制作一款促销海报。本任务主要使用滤镜工具、图层混合模式、填充等完成海报制作,效果如图5-2-1所示。

图5-2-1 桃酥饼干宣传海报效果

知识技能

学会使用滤镜工具、图层混合模式、填充等对图像进行特殊处理，完成桃酥饼干海报制作。

1. 滤镜工具

单击菜单栏"滤镜"按钮，弹出滤镜库，如图5-2-2所示。

滤镜库有多种滤镜效果，以"模糊"滤镜里面的"高斯模糊"滤镜进行效果演示，如图5-2-3和图5-2-4所示。滤镜可以叠加混合使用来实现图像的各种特殊效果。

图5-2-2 滤镜库　　　　图5-2-3 "高斯模糊"滤镜　　　　图5-2-4 "高斯模糊"效果

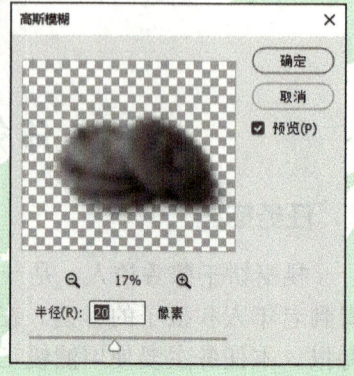

项目5　海报设计

2. 图层混合模式

图层混合模式是指一个层与其下层图层的色彩叠加方式，通常使用的是正常模式，除了正常以外，还有多种混合模式，如图5-2-5所示。

3. 填充

填充的方法有很多，下面介绍几种常用的填充颜色的方法。

方法一：通过"填充"命令填充颜色。在"编辑"菜单下单击"填充"命令，快捷键是<Ctrl+F5>，"填充"对话框如图5-2-6所示。

图5-2-5　图层混合模式

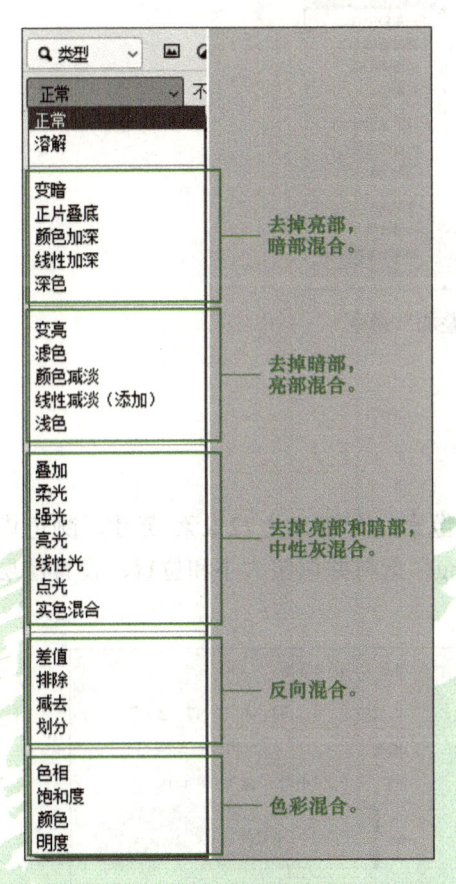

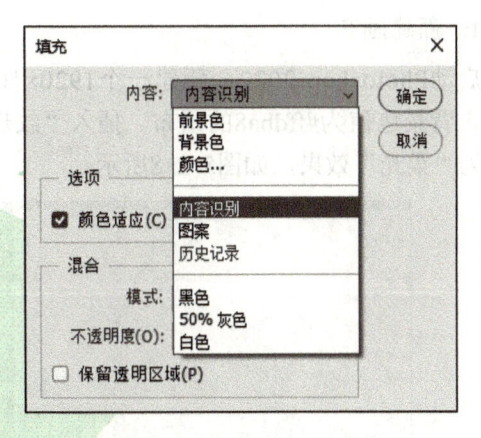

图5-2-6　"填充"对话框

方法二：通过前景色（快捷键<Alt+Delete>）、背景色（快捷键<Ctrl+Delete>）填充颜色。

方法三：通过图层样式填充颜色。执行"图层"→"图层样式"→"颜色叠加"命令，或者选择图层面板下面的图层样式图标 fx 来填充颜色，如图5-2-7所示。在使用"颜色叠加"命令填充颜色时应注意图层要有可用像素。

图5-2-7 "颜色叠加"命令

任务实施

1. 新建画布

启动Photoshop 2022，新建一个1920×1080像素，分辨率为72像素/英寸，颜色模式为RGB，背景色值为#ffdba8的画布。插入"纹理.jpg"素材并调整大小和位置，设置图层混合模式为"柔光"效果，如图5-2-8所示。

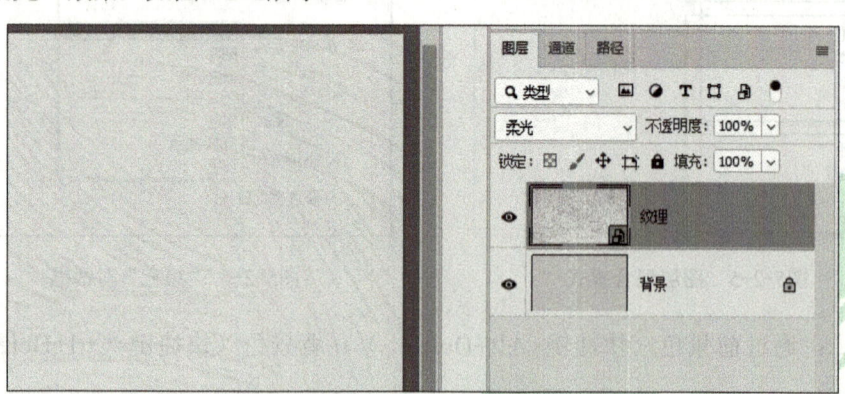

图5-2-8 图层混合模式

2. 添加素材

拖入"饼干.png"素材并栅格化图层，复制出三个图层分别调整大小和位置，并为三个"饼干"图层分别设置不透明度为50%，如图5-2-9所示。

项目5　海报设计

图5-2-9　为图层设置不透明度

3. 设置滤镜效果

给图层设置模糊滤镜效果，选择"滤镜"→"模糊"→"高斯模糊"命令，分别给"饼干""饼干 拷贝""饼干 拷贝2"图层设置模糊效果，模糊半径为140像素，如图5-2-10所示。

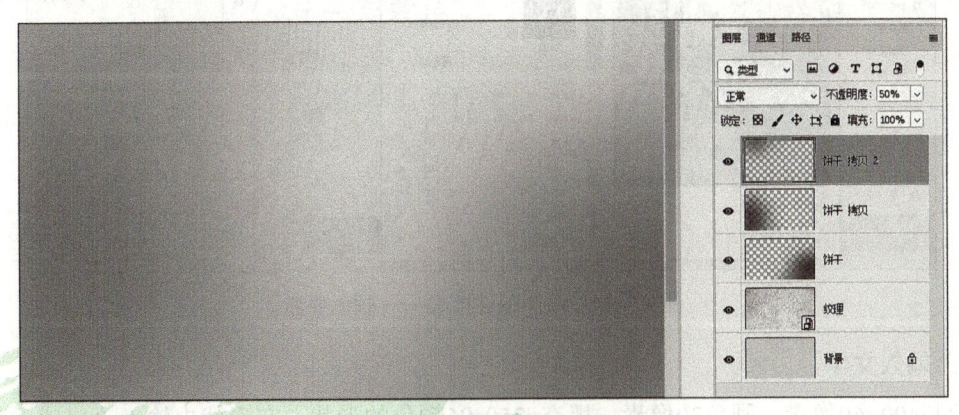

图5-2-10　为图层设置高斯模糊效果

4. 添加饼干素材

把"饼干.png"素材拖入画布并调整大小和位置，如图5-2-11所示。

图5-2-11　图片排版效果

5. 添加文字素材

把"桃酥饼干文字.png"素材拖入画布并调整大小和位置，并给素材填充颜色，选择"图层"→"图层样式"→"颜色叠加"命令，给文字图层填充颜色值为#250a06的颜色，或者单击图层面板下面的图层样式图标 fx 来填充颜色，如图5-2-12所示。

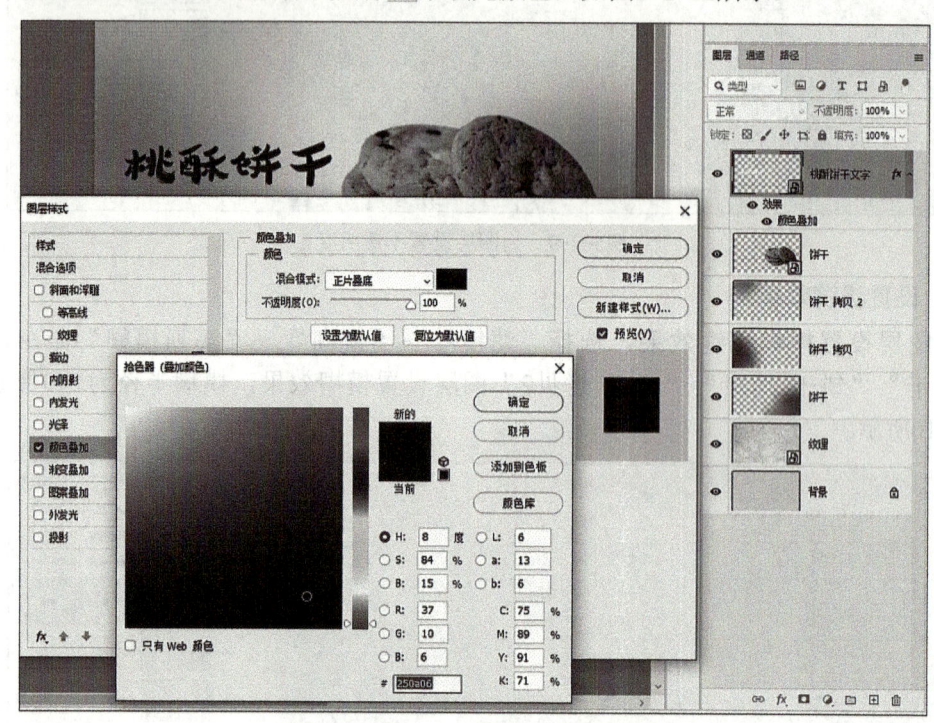

图5-2-12 添加图层样式——颜色叠加

6. 输入文字

绘制400×60像素，圆角30像素，填充#250a06颜色的形状，在形状内输入"口感香酥 营养丰富"，颜色值为#ecb178的文字，如图5-2-13所示。

图5-2-13 输入文字

7. 导入装饰文字

将"饼干宣传海报文字.psd"素材拖入文档调整位置，完成饼干宣传海报制作，效果如

项目5　海报设计

图5-2-14所示。

图5-2-14　桃酥饼干宣传海报效果

🔔 任务小结

本任务主要学习使用滤镜工具、图层混合模式、颜色叠加给图层填充颜色等完成桃酥饼干宣传海报的制作。

🌐 任务拓展

利用滤镜、图层混合模式等完成餐厅X展架宣传海报的制作，效果如图5-2-15所示。

扫码看视频

操作提示：

1）新建一个800×1600像素，分辨率为72像素/英寸，颜色模式为RGB，背景色值为#7c2918的画布。

2）新建图层1并填充白色，设置默认前景色和背景色为黑和白。

3）执行"滤镜"→"渲染"→"纤维"命令（差异10强度18）。

4）设置图层1的图层混合模式为"柔光"，不透明度为20%。

5）拖入"宣纸底纹.jpg"素材，设置图层混合模式为"正片叠底"。

6）拖入"卡通手绘面食背景.jpg"素材，设置图层混合模式为"正片叠底"，不透明度为40%。

7）拖入"波士顿龙虾.jpg"素材，调整大小及位置。

8）拖入"美味海鲜文字.psd"素材，调整大小及位置。

9）绘制圆形和矩形形状，无填充，描边为白色1像素，并复制出9个正圆，输入文字并调整大小及位置。

10）拖入"二维码.png"素材，调整大小及位置，输入文字，完成海报设计，如

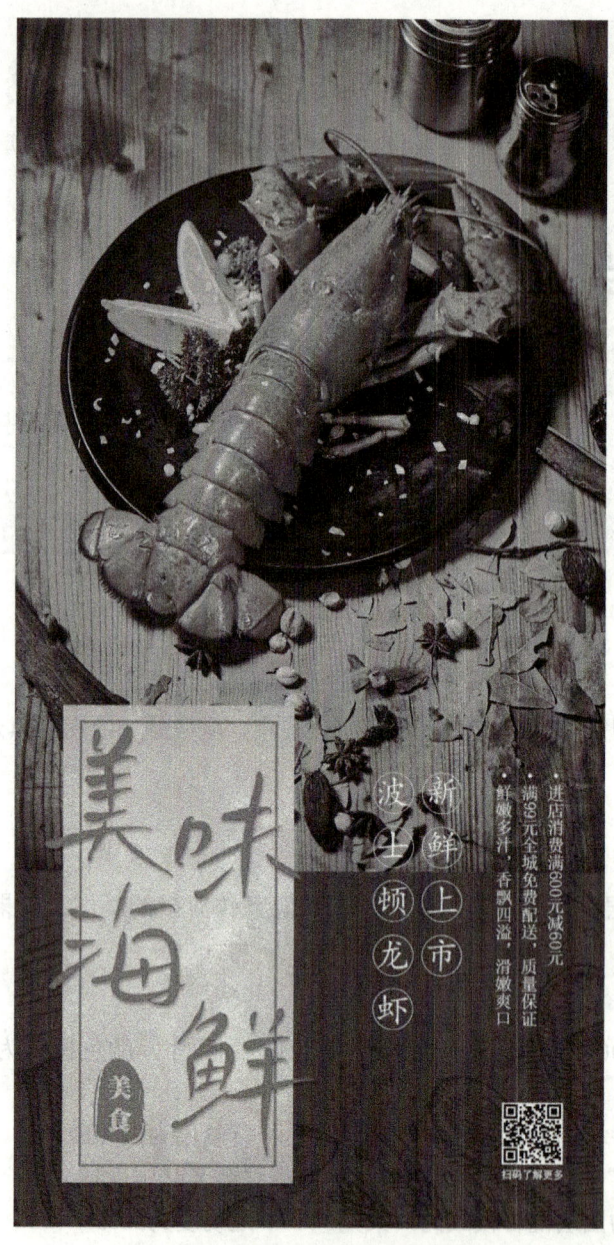

图5-2-15所示。

图5-2-15　餐厅X展架宣传海报效果

任务3　制作旅行社T型广告牌海报

任务描述

旅行社需要设计都匀的宣传广告海报，并在某公路两旁的T型广告牌投放。本任务主要使用图层蒙版、笔刷、图层样式等完成旅行社T型广告牌海报制作，效果如图5-3-1所示。

项目5　海报设计

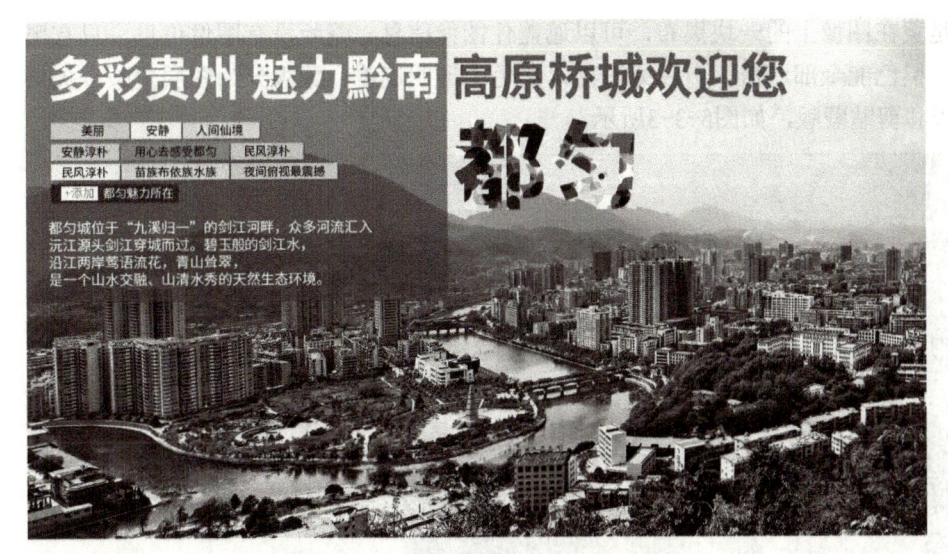

图5-3-1　旅行社T型广告牌海报效果

知识技能

掌握图层与图层蒙版的概念、笔刷的设置、图层的叠加方式与样式的使用、结合图层滤镜应用效果完成旅行社T型广告牌海报制作。

1. 图层与蒙版

图层是层层叠加的透明纸，在不同的图层上绘制或放置不同的对象，然后将多个图层叠加起来，组成一幅平面设计作品。图层可以分为背景图层、普通图层、文字图层、智能对象、形状图层、填充图层、调整图层、效果图层、图层组等，如图5-3-2所示。

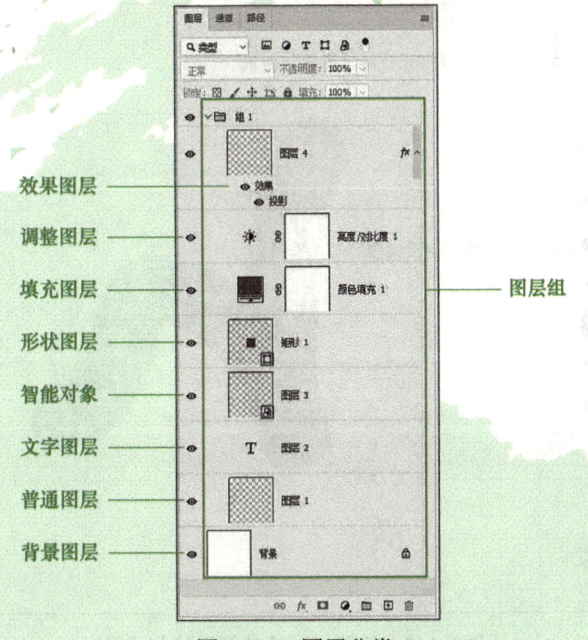

图5-3-2　图层分类

101

蒙版就像是蒙在图像上的一块黑布，可以遮盖住图像信息。蒙版没有图像信息，只有黑白灰三种颜色，黑色能全部遮盖，白色无遮盖，灰色半透明遮盖。蒙版分为图层蒙版、矢量蒙版、快速蒙版和剪贴蒙版，如图5-3-3所示。

图5-3-3 蒙版类型

2. 笔刷设置

画笔工具组包括"画笔工具""铅笔工具""颜色替换工具""混合器画笔工具"，如图5-3-4所示。

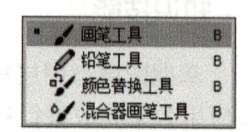

画笔可以绘制各种柔软或生硬的线条，也可以绘制设置好的图案，绘制的是前景色。可以通过属性栏或者"画笔"面板（执行"窗口"→"画笔"命令打开）"画笔"面板设置画笔，如图5-3-5所示。

图5-3-4 画笔工具组

图5-3-5 使用"画笔工具"绘制线条

项目5　海报设计

除了绘制各种柔软或生硬的线条外，画笔还可以设置特殊效果。打开"画笔设置"面板，除了可以对画笔笔尖形状进行设置外，还可以对画笔的形状动态、散布、纹理等进行设置，如图5-3-6所示。

图5-3-6　"画笔设置"面板

3. 图层的叠加方式与样式效果

图层的叠加方式有多种，如使用图层叠加模式、使用蒙版、使用图层不透明度、使用图层融合、使用图层样式等，以图层不透明度为例展示图层叠加效果，如图5-3-7所示。

图5-3-7　不透明度图层叠加效果

图层样式可以添加投影、外发光、斜面和浮雕等，制作特殊文字效果和丰富图像效果。通过"图层"→"图层样式"命令或选择图层面板底部的"添加图层样式" fx 即可弹出"图层样式"面板，如图5-3-8所示。

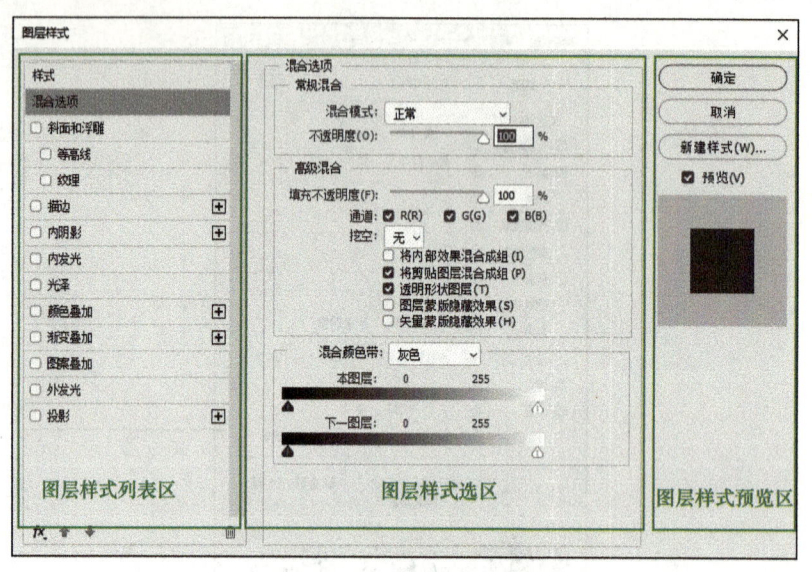

图5-3-8 "图层样式"面板

图层样式可以从一个图层复制到另一个图层，或其他更多的图层，也可以作为模板样式保存到样式库，如图5-3-9所示。

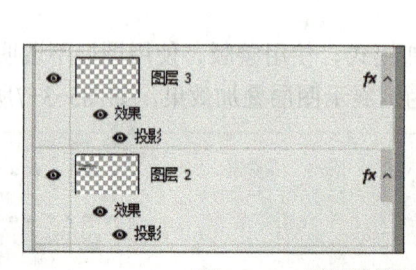

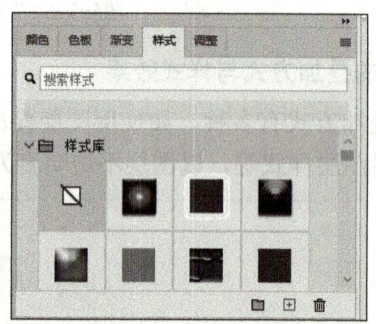

图5-3-9 复制图层样式和保存图层样式

任务实施

1. 新建画布

启动Photoshop 2022，新建一个1920×1080像素，分辨率72像素/英寸，颜色模式为RGB，背景色为白色的画布。插入"城市俯视图.jpg"素材并调整大小和位置。

2. 新建透明图层

新建图层并绘制一个900×550像素的矩形选区，填充颜色值为"#ac1800"，调整图层不透明度为60%，如图5-3-10所示。

3. 输入文字

输入文字，并调整文字到合适的大小及位置，设置文字属性及前半部分文字颜色为白

项目5　海报设计

色，后半部分文字颜色值为"#ac1800"，如图5-3-10和图5-3-11所示。

图5-3-10　文字效果　　　　　　　　图5-3-11　文字参数

4. 绘制矩形条

新建图层，在红色矩形框内分别绘制出十个高度相同、长度不同、填充颜色不同的矩形，再新建一个图层，绘制一个小的白色矩形放在深灰色矩形上面，如图5-3-12所示。

图5-3-12　绘制矩形

5. 添加图层样式

为两个矩形图层——图层2、图层3添加相同的图层样式效果，如图5-3-13所示。

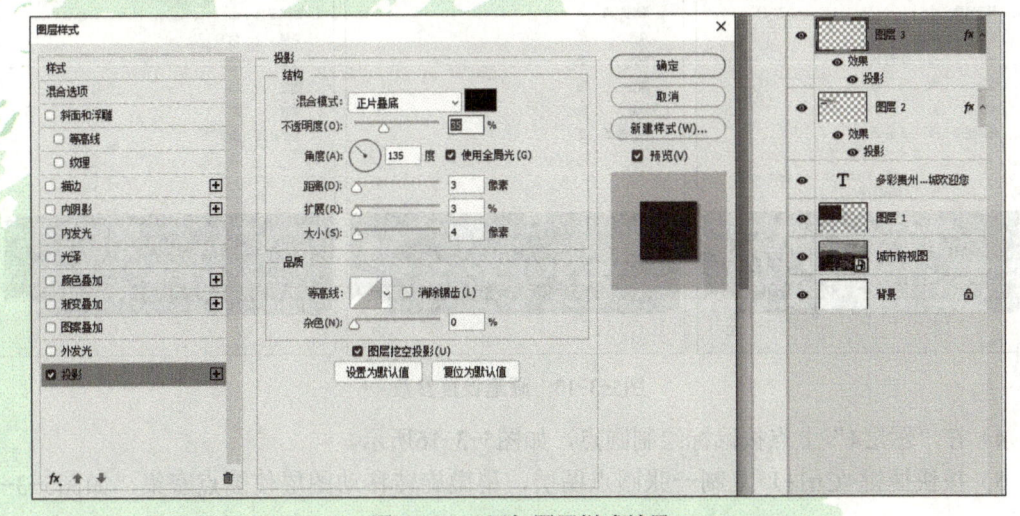

图5-3-13　添加图层样式效果

105

6. 在相应位置输入文字

在相应位置输入文字，设置文字参数并调整到合适位置，如图5-3-14所示。

图5-3-14 输入文字并设置文字参数

7. 绘制彩色斑点

1）新建"图层4"，设置图层的混合模式为"正片叠底"。

2）设置前景色值为#ff0000，背景色值为#0000ff。

3）选择"硬边缘"画笔，大小为"60像素"，画笔设置参数如图5-3-15所示。

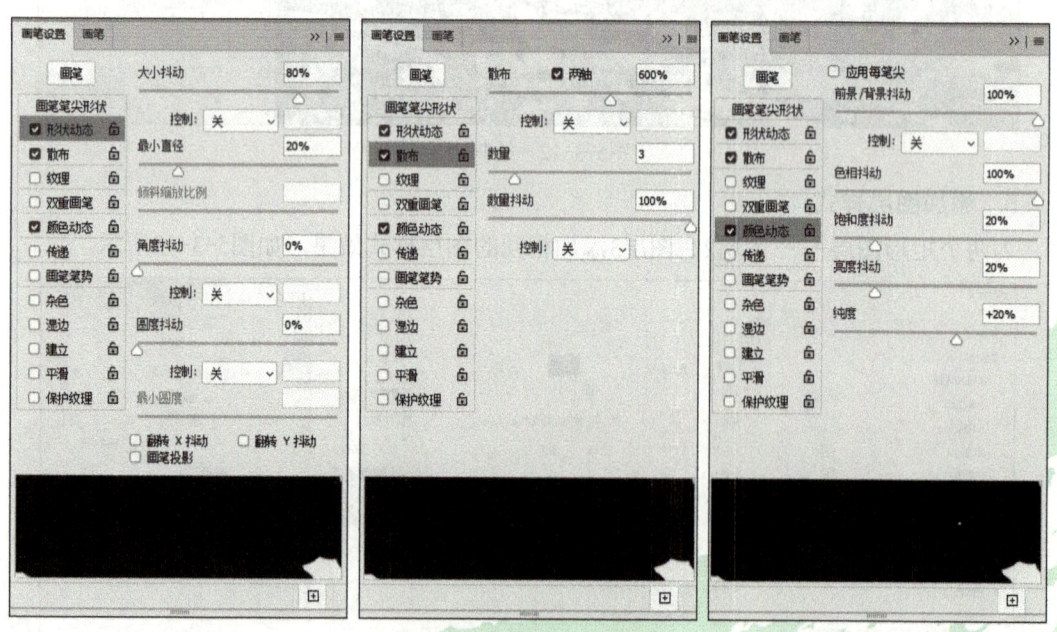

图5-3-15 画笔设置参数

4）在"图层4"上点按鼠标绘制圆点，如图5-3-16所示。

5）按快捷键<Ctrl+J>复制一张圆点图层，稍微旋转移动图层使圆点密集，如图5-3-17所示。

项目5　海报设计

图5-3-16　绘制圆点

图5-3-17　复制圆点图层

8. 创建剪贴蒙版

选中两个圆点图层，按快捷键<Ctrl+Alt+G>给文字图层都匀创建剪贴蒙版效果，如图5-3-18所示，完成旅行社T型广告牌的制作。

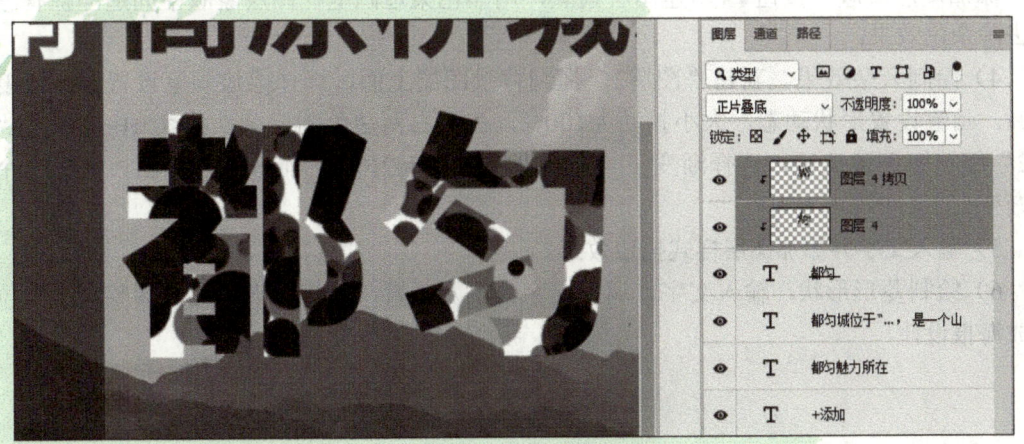

图5-3-18　创建剪贴蒙版

任务小结

不同版本的Photoshop软件参数也不尽相同，在设置画笔的时候要根据自己心目中的效果来设置，因此要边调整边试画。

任务拓展

利用图层蒙版、笔刷、图层样式、滤镜制作"运动会公众号宣传海报"，效果如图5-3-19所示。

扫码看视频

图5-3-19　运动会公众号宣传海报

操作提示：

1）新建一个900×383像素，分辨率为72像素/英寸，颜色模式为RGB，背景内容为白色的画布。

2）设置前景色为#d2f0fa，背景色为白色，拖出一个斜角线性渐变。用钢笔工具绘制跑道形状并复制两个图层，调整其位置及颜色。

3）新建"图层1"并填充为白色，执行"滤镜"→"杂色"→"添加杂色"命令，参数为：数量5，平均分布，单色；设置图层混合叠加模式为"正片叠底"；单击图层面板下方的"添加图层蒙版"按钮 ▢ 创建图层蒙版，用黑色柔边画笔在图层蒙版中间适当涂抹使中间去除杂色效果。

4）绘制云朵效果。新建"图层2"拖到背景图层上面，选择柔边画笔设置不透明度为80%，画笔设置形状动态，大小抖动为100%，在左右两边绘制云朵；按<Ctrl>键单击"图层2"缩览图创建选区，选择渐变工具设置背景色为#d2f0fa，前景色为白色，拖出一个线性渐变。

5）输入文字并添加图层样式描边效果。

6）绘制菱形形状，输入文字，调整文字大小及位置，把相应素材置入调整大小及位置完成海报设计。

项目6　书籍装帧设计

　　书籍装帧设计是将书稿转化为成书的全过程，即将书籍形态从平面转为立体，这个转换涵盖了艺术思维、创意和技术手段的系统性设计，涉及开本、装订、封面、腰封、字体、版面、色彩、插图、纸张材料、印刷、装订等环节。在书籍装帧设计中，只有进行了整体设计的才能称为装帧设计，仅完成部分设计的只能称为封面或版式设计。

　　图像编辑是图像处理的基础，可以对图像进行各种变换，如放大、缩小、旋转等，还可以调整颜色、增加对比度和修复图像，这些操作在图像处理中非常有用，设计者可以通过以上操作将图像调整至预设效果。图像合成则是将多幅图像合成为完整的图像，这也是设计的必备技能。

知识目标

- 掌握通道的复制与删除，分离与合并的各项操作。
- 掌握三种通道建立选区的方法，通过Alpha通道与图层、蒙版的综合使用，实现更加精准的图层控制。

技能目标

- 能够正确运用通道的对比度对复杂图像进行抠取。
- 能够使用通道建立选区，并将选区应用于图层。
- 能够利用画笔工具对选区进行局部的显示与隐藏的调整。
- 能够通过单个通道的调整增加或减少画面的细节。

素养目标

- 通过设计具有正能量、积极向上的封面主题，树立正确的世界观、人生观和价值观。
- 培养爱国、敬业的品质，增强职业责任感。

任务1　制作动物杂志封面

任务描述

"晨光杂志社"主要承接影像拍摄、后期制作和成品印刷等。"晨光杂志社"近期准备出版"熊猫"主题的杂志。本任务是为杂志社制作一张动物杂志封面，主要使用移动工具以及通道工具对一幅图像中选好的区域进行抠图，从而达到简单的图像合成效果，最后为图像添加图层样式，完成效果如图6-1-1所示。

扫码看视频

图6-1-1　动物杂志封面

知识技能

学会利用通道进行图像处理，完成简单的图像合成。

1. 显示和隐藏通道

鼠标左键单击打开页面右侧的通道按钮，"通道"面板有红、绿、蓝三条通道，如图6-1-2所示。使用鼠标左键单击其中一个通道，就选中了该通道，并且只显示该通道，如图6-1-3所示。如需某个通道显示，只需点亮通道前的眼睛图标，反之关闭眼睛图标即可（注意，复合通道"RGB"不能单独被隐藏），如图6-1-4所示。同时，按快捷键<Ctrl+2> <Ctrl+3> <Ctrl+4> <Ctrl+5>可以直接选中对应通道。

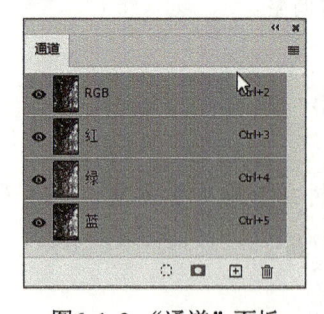

图6-1-2　"通道"面板　　　图6-1-3　显示通道　　　图6-1-4　隐藏通道

2. 复制通道

选择需要设置的通道，鼠标右键单击"复制通道"按钮，如图6-1-5所示。在复制通道窗口单击"确定"按钮，如图6-1-6所示，即可得到一个新的通道副本。

项目6　书籍装帧设计

图6-1-5　复制通道　　　　　　图6-1-6　"复制通道"对话框

3. 删除通道

选择需要删除的通道，鼠标右键单击"删除通道"按钮，如图6-1-7所示。删除通道成功，如图6-1-8所示。

图6-1-7　删除通道　　　　　　图6-1-8　通道面板

4. 选择通道创建选区

1）选择需要的通道，复制蓝通道，按快捷<Ctrl+L>，使用"色阶工具"增强"蓝 拷贝"通道中背景与主体物的对比度，如图6-1-9所示。同时按下<Ctrl+鼠标左键>，单击"蓝 拷贝"图层缩略图，建立选区，如图6-1-10所示。建立选区效果如图6-1-11所示。

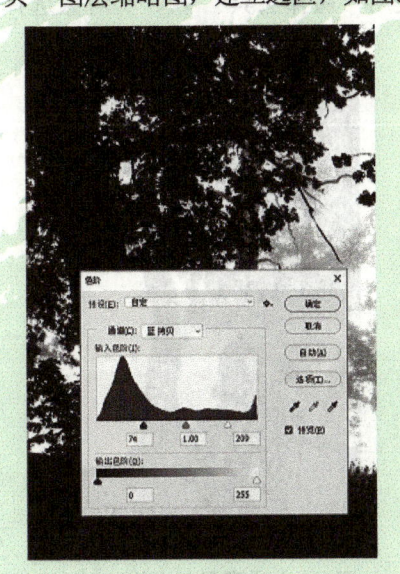

图6-1-9　调整色阶　　　　图6-1-10　建立选区　　　　图6-1-11　建立选区效果图

2）选择需要的通道，按快捷键<Ctrl+L>，使用"色阶工具"增强背景与主体物的对比度，单击菜单栏"选择"按钮，选中"主体"，如图6-1-12所示。主体物被选中，继续选择"快速选择工具"，按住快捷键<Shift>，将没有选中的区域加选，如图6-1-13所示。

图6-1-12 "选择主体"效果　　　　图6-1-13 "快速选择工具"加选

在创建选区通道时，还可以根据选取对象的特征，使用"套索工具"、"多边形套索工具"、"磁性套索工具"将对象选中，同时结合使用"魔棒工具"、"对象选择工具"、"快速选择工具"，按住<Shift>键进行加选扩大选区，实现更精细的抠图效果。

5. 区分背景与主体

使用"画笔工具"或者选择"拾色器"进行填充，设置前置色为"白色"，背景色为"黑色"。将需要被抠出的区域填充为黑色，按下快捷键<Ctrl+Shift+I>反相选择后，背景填充为"白色"。与蒙版的原理相同，黑色是擦除的区域，白色是保留的区域，如图6-1-14所示。

6. 应用选区

建立选区后，将选区内容应用于图层，可以在其他图像或背景上看到它，将选区应用于图层中有以下两种做法。

图6-1-14 背景与主体填充效果

项目6　书籍装帧设计

1）在通道面板缩略图处，按<Ctrl>键，选中选区内容。随后单击"RGB"复合通道，选中"RGB"复合通道后，再按<Ctrl+J>组合键将选区内容复制。同时图层面板中会自动添加新的图层，如图6-1-15所示。

图6-1-15　复制选区内容

2）在通道缩略图面板，按快捷键<Ctrl+A>全选后按快捷键<Crtl+C>复制"蓝 拷贝"通道选区内容，如图6-1-16所示，回到图层面板，新建图层，同时给该图层添加矢量蒙版，按住<Alt>键，进入蒙版后，按住快捷键<Ctrl+V>将"蓝 拷贝"通道复制的内容粘贴到蒙版中，如图6-1-17所示。

图6-1-16　复制"蓝 拷贝"通道选区内容　　　　图6-1-17　粘贴到"矢量蒙版"

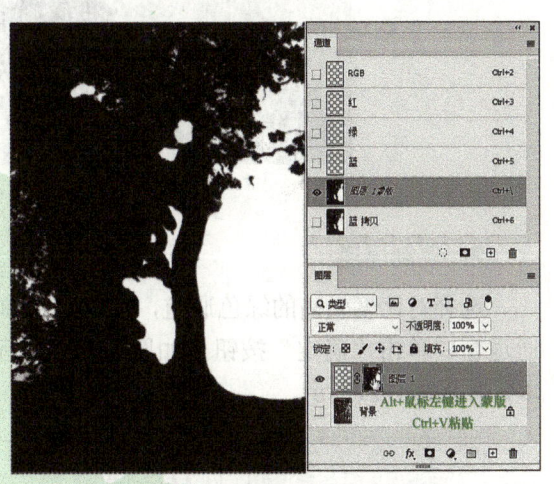

任务实施

1. 打开素材

启动Photoshop 2022，执行"文件"→"新建"命令，新建2480×3508像素，背景色为

#ffffff的文档。如图6-1-18所示，导入"熊猫"素材，如图6-1-19所示。

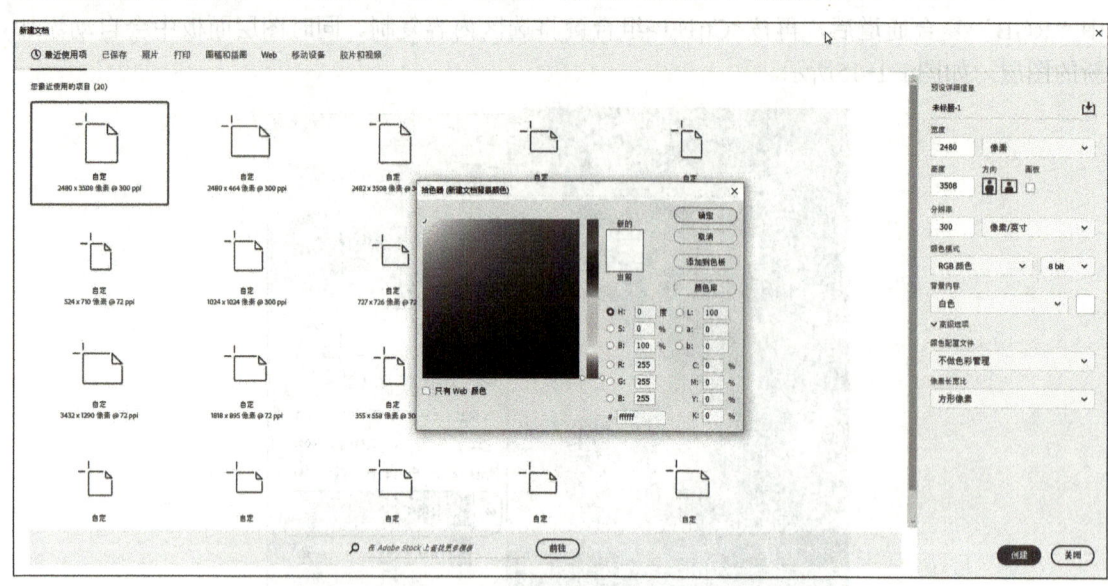

图6-1-18 新建文档

图6-1-19 "熊猫"素材

2. 复制通道

选择对比度较高的绿色通道，鼠标右键单击绿色通道，选择"复制通道"按钮，在复制通道窗口单击"确定"按钮，如图6-1-20所示，通道面板中就会生成"绿 拷贝"通道的副本，如图6-1-21所示。

a）　　　　　　　　　　　　b）

图6-1-20 复制通道　　　　　　　　　　图6-1-21 通道面板

项目6　书籍装帧设计

3. 选择通道创建选区

鼠标左键单击选择"绿 拷贝"通道，在"绿 拷贝"通道上，使用快捷键<Ctrl+I>将图像反相选择，如图6-1-22所示，区分背景和熊猫的明暗对比度，效果如图6-1-23所示。

图6-1-22　反相选择　　　　　　　图6-1-23　区分背景和熊猫的明暗对比度

4. 选择熊猫主体

使用"套索工具"，在其属性栏中将"羽化"值设置为5像素，沿熊猫边缘移动同时生成锚点，最后闭合路径生成选区，如图6-1-24所示。

图6-1-24　选取熊猫区域

5. 增加对比度

使用快捷键<Ctrl+L>打开色阶窗口。首先将中间的灰色滑块向右拖动到一个适当的位置，使其增大对比度，再将左边的黑色滑块向右移动，并单击"确定"按钮确认，效果如图6-1-25所示。

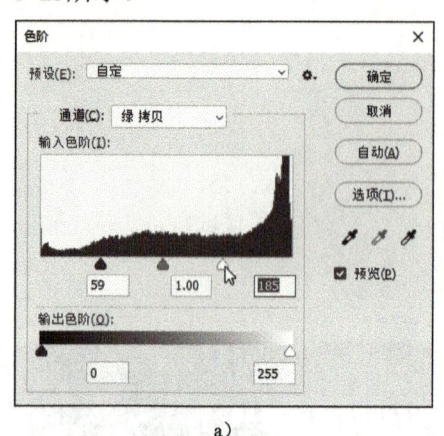

a) b)

图6-1-25 调整色阶

6. 填充通道颜色

单击"选择"菜单栏，按反选或直接使用快捷键<Shift+Ctrl+I>进行选区反选，单击"拾色器"■图标的前景色打开拾色器窗口，将前景色设置为黑色，并按快捷键<Alt+Delete>对背景进行填充，如图6-1-26所示。按快捷键<Shift+Ctrl+I>进行选区反选，选中熊猫区域，使用快捷键<Alt+Delete>将熊猫填充为白色，如图 6-1-27所示。

图6-1-26 背景填充为黑色　　　　　图6-1-27 熊猫填充为白色

7. 应用选区

鼠标移动到"绿 拷贝"通道面板缩略图处，按<Ctrl>键，选中熊猫选区。随后单击"RGB"复合通道，选中"RGB"复合通道后使用快捷键<Ctrl+J>将图像复制。同时图层面板中自动添加新的图层，效果如图6-1-28所示。

8. 添加背景和标题

打开"背景素材"，使用快捷键<Ctrl+Shift+T>进行缩放，调整背景素材和熊猫素材的大小比例，将"背景素材"的图层不透明度设置为"70%"，如图6-1-29所示。选择"文字工具"T.，输入标题字"PANDA"，设置字体为"Times New Roman"，颜色为"#ffffff"，如图6-1-30所示，使用"移动工具"调整字体位置，调整文字大小。选择"矩形工具"■

项目6　书籍装帧设计

绘制矩形，关闭颜色描边，填充颜色为"#059b7c"，设置圆角半径为"70像素"，使用"移动工具"将"矩形"移动到图6-1-31所示的位置，输入文字"熊猫奇缘"。

图6-1-28　应用选区

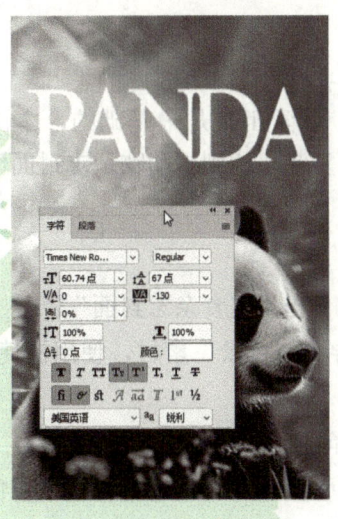

图6-1-29　背景效果　　　图6-1-30　标题字1效果　　　图6-1-31　标题字2效果

9. 添加文案字体

选择"文字工具" T ，分别输入文字"探索自然之美，共赴熊猫之旅""深入熊猫栖息地""见证保护的力量与希望""跟随研究人员的脚步记录熊猫日常生活的点点滴滴""每一期，都是对熊猫栖息地保护的深情呼唤，每一次翻阅，都是对自然和谐共生的深刻思考。让我们携手并进，为守护这份来自东方的绿色奇迹贡献自己的力量。"设置字体为"Adobe 黑体 Std"，参考图6-1-32调整字体的颜色、大小。使用"移动工具"调整字体位置。选择"矩形工具"，绘制矩形，关闭颜色描边，填充颜色为"#059b7c"，设置圆角半径为"70像素"，使用快捷键<Ctrl+Shift+T>进行缩放，按图6-1-33所示效果调整矩形位置。

图6-1-32　文案字体效果　　　　　　　　　图6-1-33　最终效果

任务小结

在创建选区的各类工具中，套索工具是最基础的，本次任务主要学习利用通道创建选区，并通过对选定区域的填充、复制，达到"动物杂志封面"的完成效果。

任务拓展

利用通道创建选区抠图，制作出"美食杂志封面"。

1）新建2480×3508像素，导入"背景"素材，使用快捷键<Ctrl+T+Shift>将"背景"素材铺满整个页面。

扫码看视频

2）打开"元素"素材，选择对比度较高的"蓝 通道"，复制通道，调整"色阶"拉开主体与背景的对比度，使画面中背景接近白色，主体物接近黑色。选择"对象选择工具"，单击主第一个"勺子"对象，按住<Shift>键加选第二个与第三个。再次选择"魔棒工具"按住<Shift>键加选。选中其中一个黑色形状，执行"窗口"→"选择"→"选取相似"命令将其他的黑色形状选中，如图6-1-34所示。

3）黑色区域为选取范围，要确保背景完全被抠除，为了使抠图效果更精细，使用"画笔工具"并单击"拾色器"，将前景色设置为"白色"，背景色设置为"黑色"，把勺子内部涂抹成黑色，背景为纯白色，这样背景的木纹就不会被选中，影响抠图效果。最后，按<Ctrl>键，选中黑色选区。随后单击"RGB"复合通道，选中"RGB"复合通道后再使用快捷键<Ctrl+J>将图像复制。同时图层面板中会自动添加抠好的主体图层，如图6-1-35所示。

项目6 书籍装帧设计

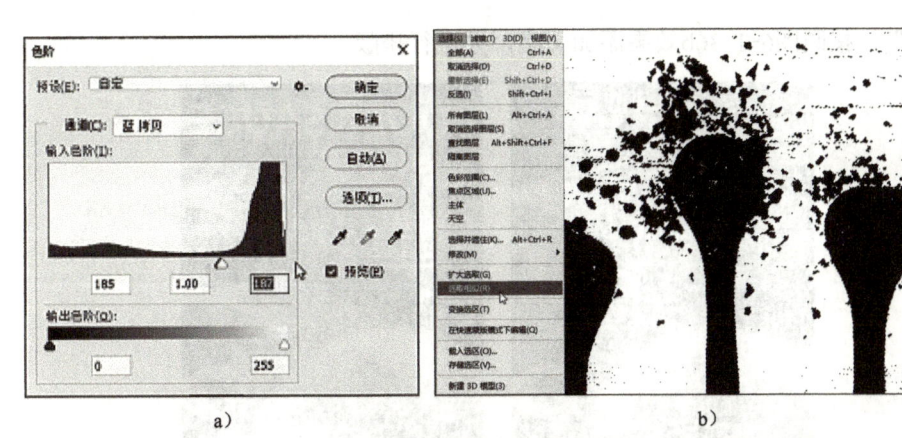

图6-1-34 建立选区

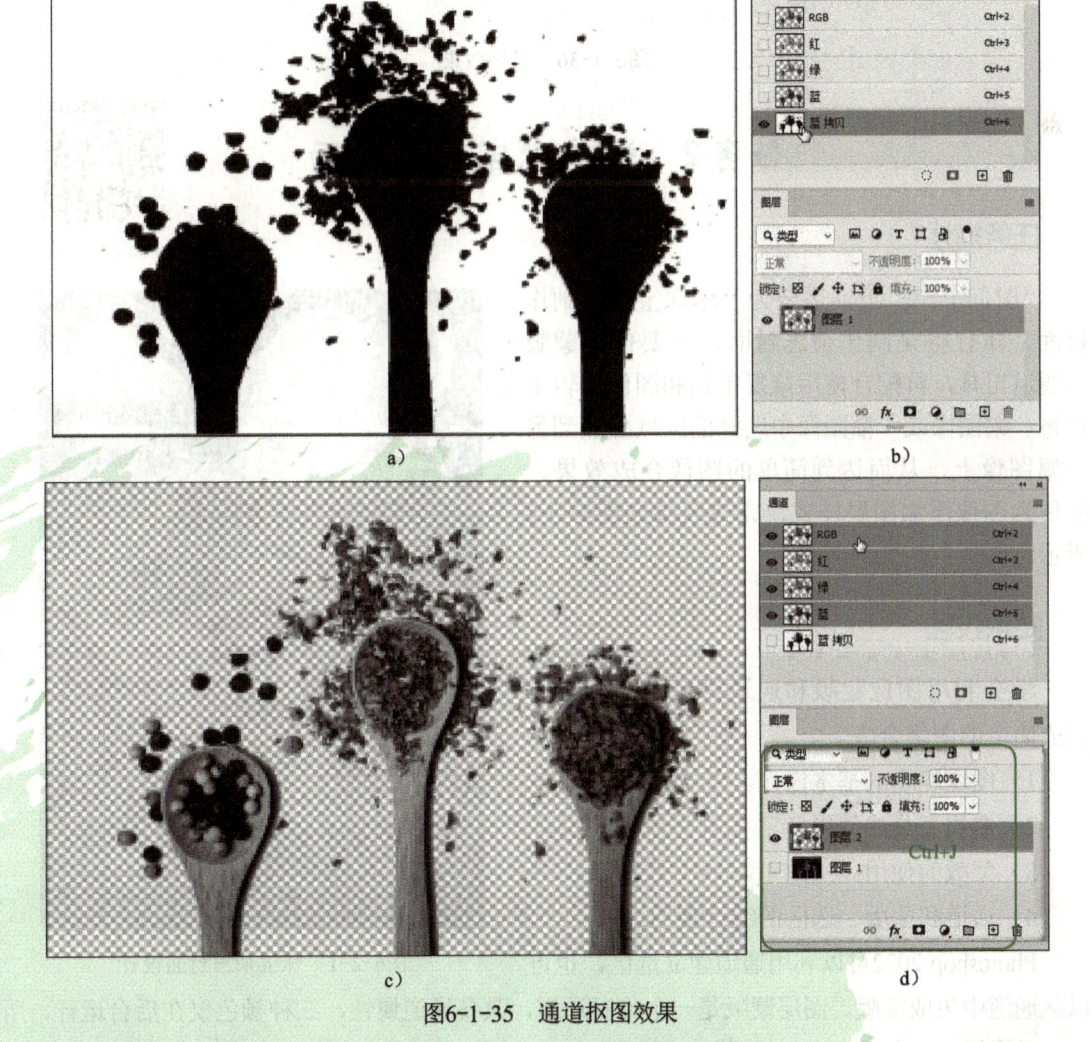

图6-1-35 通道抠图效果

4) 将抠好图的元素, 拖动至背景中, 使用快捷键<Ctrl+Shift+T>进行缩放, 同时使用"钢笔工具"去除一些不需要的部分, 按图6-1-36a效果摆放。位置摆放完成后, 依次添加

"文字图层"，按照图6-1-36b效果添加文字，并进行排版。

图6-1-36 最终效果

任务2 制作珠宝杂志封面

扫码看视频

任务描述

"时间书馆"近期需要为一本珠宝杂志制作封面，本任务是制作杂志封面，主要使用蒙版和通道工具，再配合使用修复工具和图像编辑工具将一幅图像或一幅图像中选好的区域叠加到另一幅图像上，从而达到简单的图像合成效果。最后为图像添加图层样式，完成效果如图6-2-1所示。

知识技能

学会利用图像蒙版和通道进行图像处理，完成简单的图像合成。

1）图像编辑的基本操作。
2）曲线工具的使用。
3）蒙版的使用。
4）通道和蒙版、选区的综合使用。

Photoshop 2022可以利用通道建立选区，也可

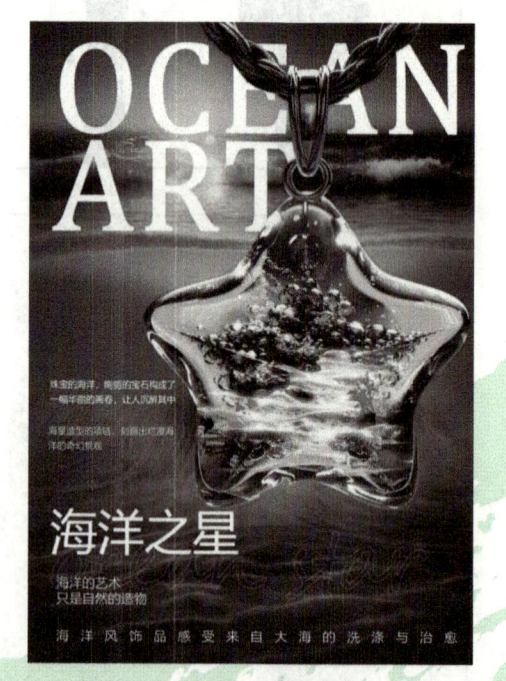

图6-2-1 珠宝杂志封面设计

以从通道中生成蒙版。图层蒙版是一个临时通道，具备通道属性，三种颜色仅在后台运行，所以它是通道的变种。它一般用来控制图层的显示范围。优点在于随时可调整的图层显示范围。同时结合图层的矢量蒙版，利用图像综合合成技法可以制作出富有设计感的创意图形图像。

项目6　书籍装帧设计

任务实施

1. 导入素材

执行"文件"→"打开"命令，选择"项链""海洋"素材，打开素材，如图6-2-2所示。

a)

b)

图6-2-2　打开素材

2. 通道抠图

进入通道面板，选择明暗对比度最明显的"绿"通道，鼠标右键单击"绿"通道，选择"复制通道"，效果如图6-2-3所示。

a)　　　　　　　　　　　　　　　b)

图6-2-3　复制"绿"通道

3. 增加对比度

选中"绿 拷贝"通道，按快捷键<Ctrl+L>打开"色阶"窗口，首先将中间的灰色滑块向右拖动到一个合适的位置，使其增加对比度，再将左边的黑色滑块向右移动，并单击"确定"按钮确认，效果如图6-2-4所示。

a）

b）

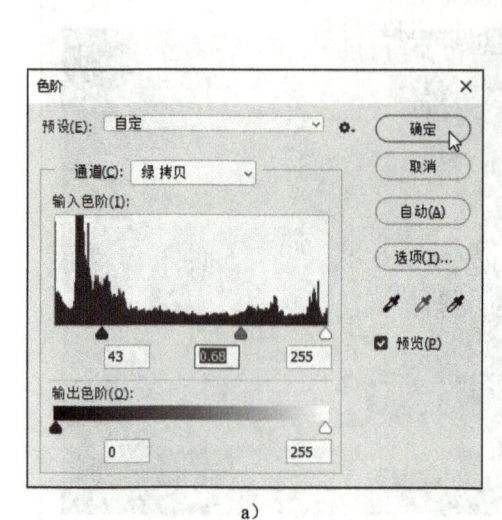

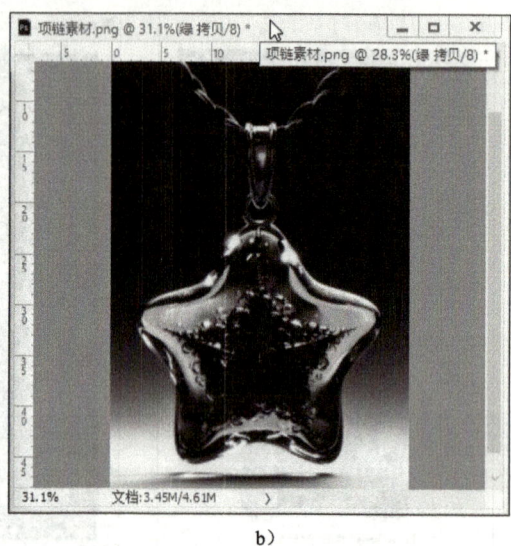

图6-2-4 调整"色阶"增加对比度

4. 建立项链选区

单击菜单栏"选择"按钮，选中"主体"，项链就会被选中同时建立选区，并使用"快速选择工具" ，按住<Alt>键减选，将项链的黑色链子的选区去掉，只留下星形形状选区，一直保持星形选区被选中的状态，如图6-2-5所示。

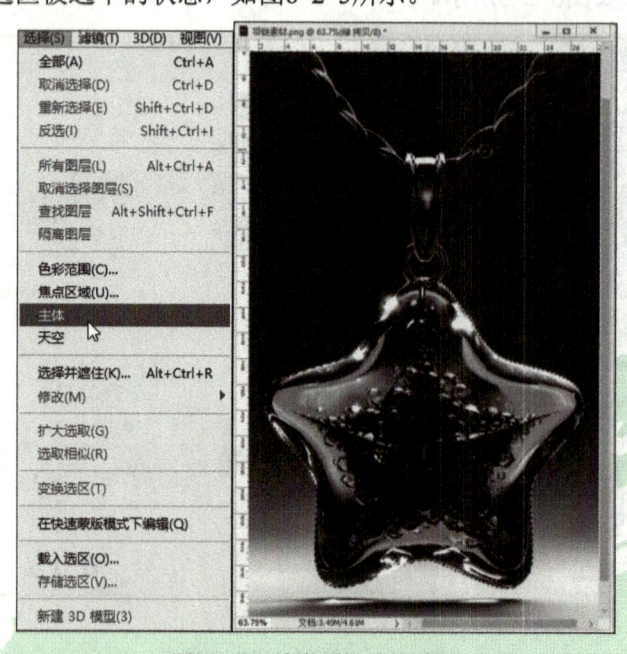

图6-2-5 建立项链选区效果

项目6　书籍装帧设计

5. 区分项链主体和背景

选择"画笔工具"或按快捷键<Ctrl+B>，双击拾色器，设置前景色为"白色"，背景色为"黑色"。在"绿 拷贝"通道中，把项链选区用"画笔工具"涂抹成白色，效果如图6-2-6所示，按快捷键<Ctrl+Shift+I>执行"反相"命令，把背景选区用"画笔工具"涂抹成黑色，效果如图6-2-7所示。

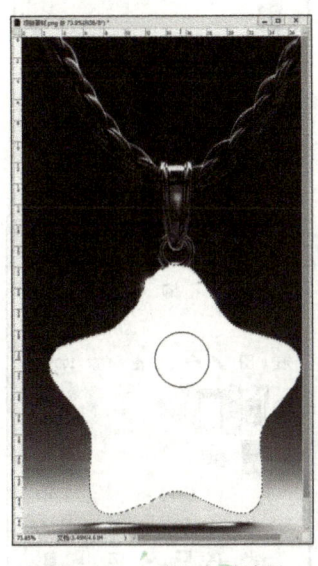

图6-2-6　项链选区效果　　　　图6-2-7　背景选区效果

6. 应用选区

1）鼠标移动到"绿 拷贝"通道缩略图面板，按快捷键<Ctrl+A>全选后再按快捷键<Crtl+C>复制"绿 拷贝"通道，效果如图6-2-8所示。

a)　　　　　　　　　　b)

图6-2-8　全选并复制"绿 拷贝"通道

123

2）将"海洋"素材拖动至当前文件，自动添加"图层1"同时给"图层1"添加矢量蒙版，效果如图6-2-9所示，按住<Alt>键，进入蒙版后，使用快捷键<Ctrl+V>将"绿 拷贝"通道复制的内容粘贴到蒙版中，如图6-2-10所示。

图6-2-9　添加"图层1"素材

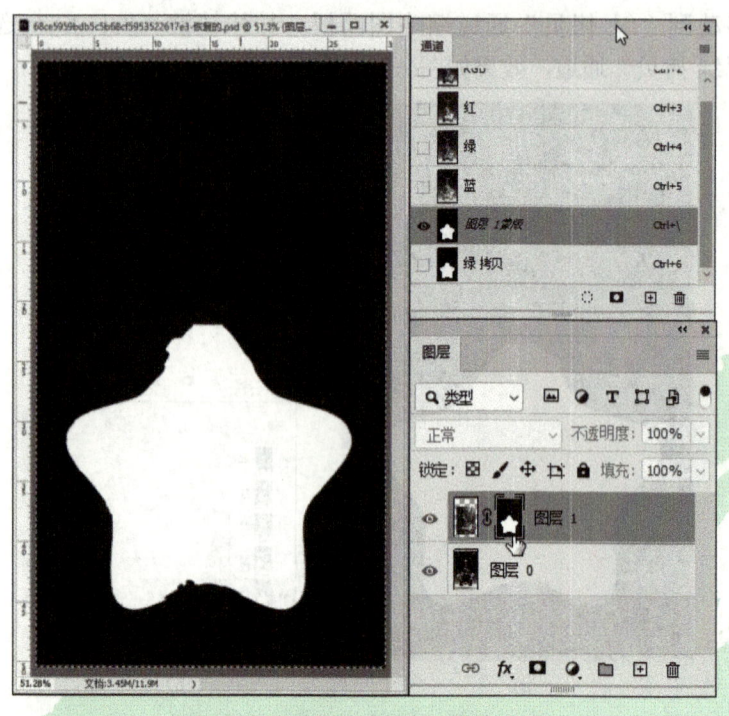

图6-2-10　粘贴"图层1"蒙版效果

项目6　书籍装帧设计

7. 曲线工具调整色彩

单击"RGB通道"回到图层面板，选中"图层1"，将图层模式改为"变亮"，如图6-2-11所示，然后按快捷键<Ctrl+M>调出"曲线"对话框调整色彩，把海星的颜色调整成蓝色。按快捷键<Ctrl+E>合并图层，效果如图6-2-12所示。

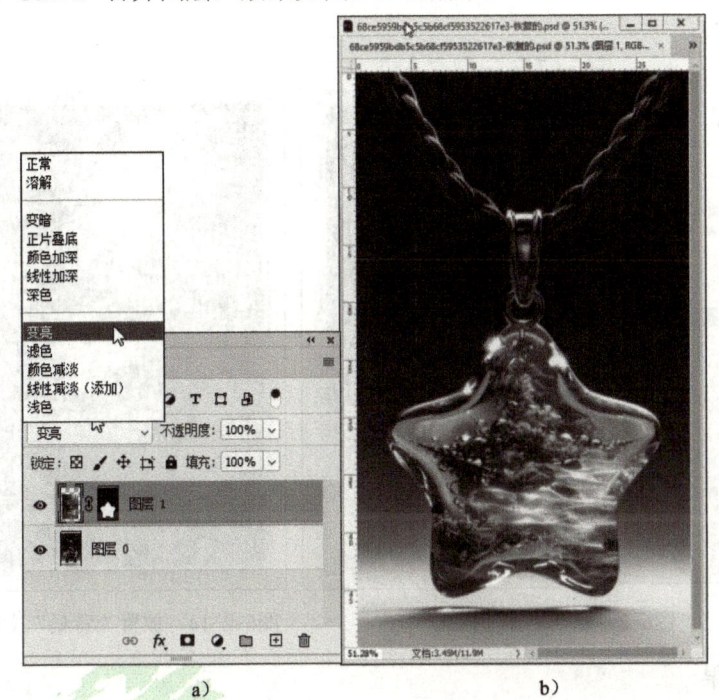

图6-2-11　图层模式"变亮"效果

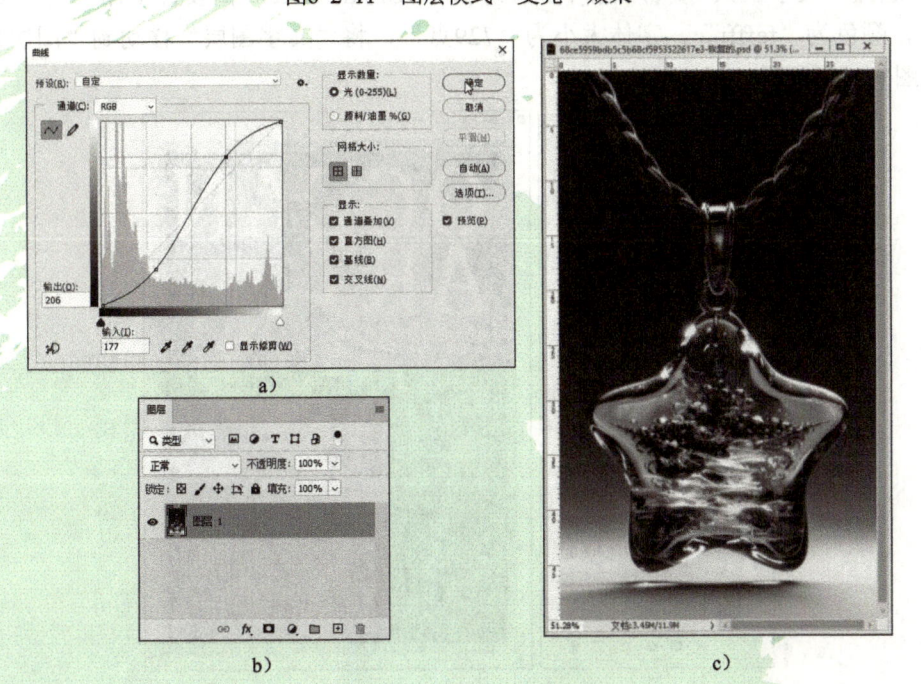

图6-2-12　"曲线"调整效果

125

8. 素材排版

执行"文件"→"打开"命令或者按快捷键<Ctrl+O>，打开"背景图片"然后单击"选择"→"主体"，将项链单独抠出来，如图6-2-13所示。使用"移动工具"，将"项链"放置到"背景"文件里，使用快捷键<Ctrl+T>调整大小后放置到合适的位置，效果如图6-2-14所示。

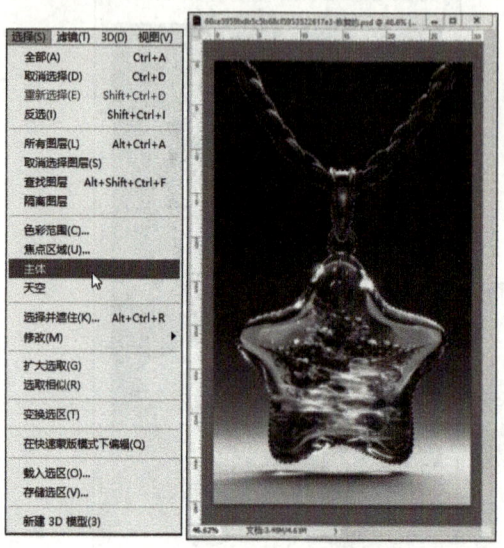

图6-2-13 "主体"抠图　　图6-2-14 放置"背景"文件效果

9. 文字效果

1）选择"文字工具"，输入标题文字"OCEAN ART"；设置字体样式"Cambria Math"，颜色为"feffff"，字体大小为"729点"，将"文字图层"移动到"图层1"的下方，如图6-2-15所示。

图6-2-15 标题文字效果

项目6　书籍装帧设计

2）创建多个文字图层 T，分别输入文字"珠宝的海洋，绚丽的宝石构成了一幅华丽的画卷，让人沉醉其中""海星造型的项链，刻画出烂漫海洋的奇幻景观""海洋之星""海洋的艺术 只是自然的造物""海洋风饰品感受来自大海的洗涤与治愈"，文字样式参数位置如图6-2-16所示。再新建文字并输入"ocean star"，打开图层样式，添加"描边效果，文字描边参数设置如图6-2-17所示。

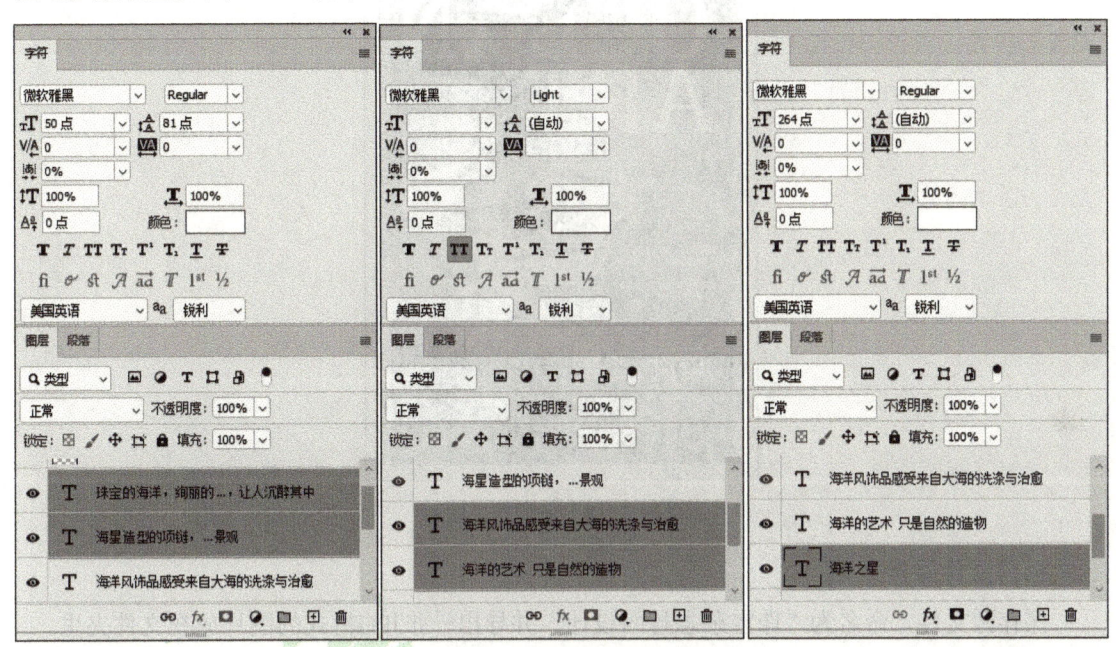

图6-2-16　文字样式参数设置

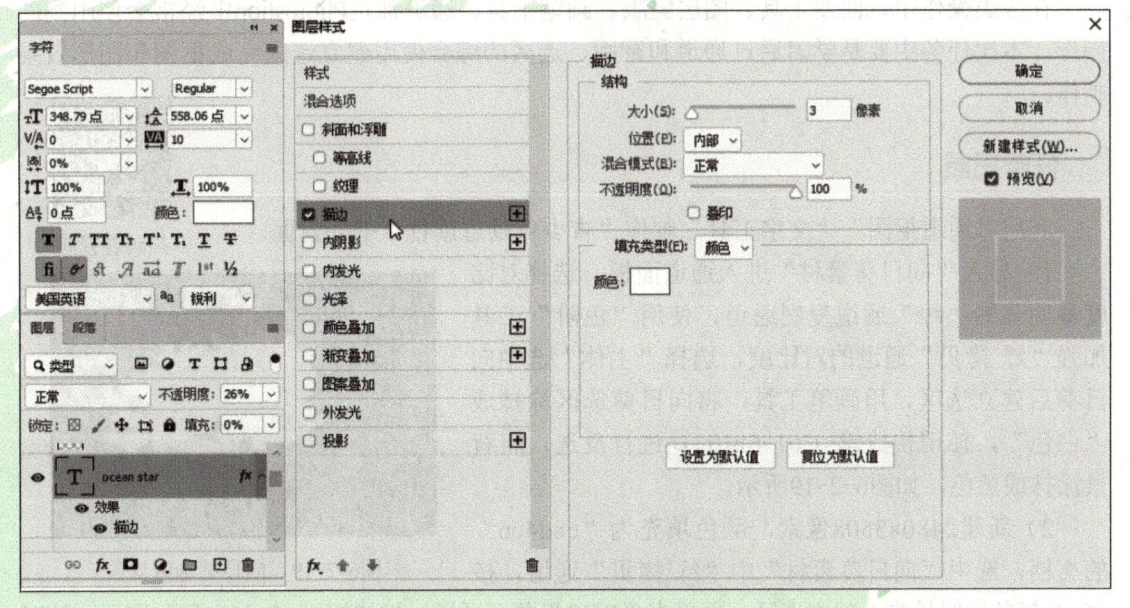

图6-2-17　文字描边参数设置

127

10. 效果调整

使用"移动工具" ，移动文字图层进行排版，把文字放置到合适的位置，调整间距，然后按快捷键<Ctrl+T>适当调整项链大小及位置。最终效果如图6-2-18所示。

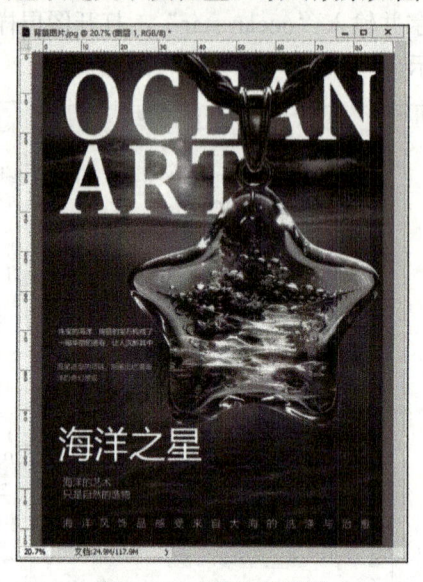

图6-2-18　最终效果图

11. 文件保存

保存源文件，命名为"珠宝杂志封面设计"并导出一张JPG格式的图片放在文件夹里。

任务小结

在各类操作中，曲线工具、图层蒙版、画笔工具、通道都是Photoshop中经常会使用到的操作。本次任务主要是学习通过通道和蒙版、选区的综合使用建立选区完成抠图和图形效果制作。

任务拓展

利用"通道抠图""文字工具"制作"青少年励志读物"书籍封面。

1）导入"向日葵素材"进入通道面板，选择对比度最明显的"绿"通道复制通道，使用"色阶"工具加强"绿 拷贝"通道的对比度，选择"主体"选中向日葵后建立选区，用画笔工具，将向日葵选区涂抹成"白色"，使用快捷键<Ctrl+Shift+I>进行反选，将背景涂抹成黑色，如图6-2-19所示。

2）新建2480×3508像素，颜色填充为"e8d4c6"的文档，选中"向日葵素材"中"绿 拷贝"通道，按

图6-2-19　向日葵选区效果

扫码看视频

<Ctrl>键的同时单击，建立选区，再单击"RGB"复合通道，按快捷键<Ctrl+J>复制图层，这时在图层面板就会自动生成新图层，效果如图6-2-20所示，接着新建多个文字图层，依次将文字

项目6 书籍装帧设计

内容按效果图位置摆放，最后导入"条纹素材"调整图层位置，把"条纹素材"放置在文字图层下方，效果如图6-2-21所示。

图6-2-20 复制向日葵选区效果

图6-2-21 最终完成效果

扫码看视频

任务3 制作摄影杂志封面

◎ 任务描述

胖达摄影工作室是一家专注于光影摄影的专业机构，致力于为各类时尚品牌和爱好者提供高质量的摄影作品。凭借过去在摄影领域的深厚积累，胖达摄影工作室不仅拥有多样化的拍摄风格，还能够将光影魅力通过镜头完美展现，本任务是制作摄影杂志封面。主要使用分离通道和合并通道制作，再配合抓手工具完成摄影杂志封面设计。最后添加文字并进行调整，完成效果如图6-3-1所示。

◎ 知识技能

学会利用通道分离对色彩丰富且边缘模糊的素材图片进行抠图，同时配合抓手工具快速移动图层来观察选区选取是否完整，从而进行后期的通道操作，运用分离通道进行抠图和图像颜色处理，最后合并通道，完成简单的图像合成。

图6-3-1 摄影杂志封面

129

1. 抓手工具

使用抓手工具，可以按快捷键<H>，或者按<空格>键并单击鼠标左键，可以在放大的画面中快速地移动画面；按<空格>键并单击的方式可以在使用其他工具的同时移动画面，松开<空格>键将回到当前使用的工具。

2. 分离通道

（1）直接分离与合并通道

分离通道可以使图像分离成为红、绿、蓝3个通道并单独分离出3张灰度图像，且会关闭彩色图像，同时每个图像的灰度都与之前通道的灰度相同。具体的工作原理就是把图案中的红色、绿色、蓝色单独提取出来，之后再融合。在通道面板的右侧选项卡中单击"分离通道"后，就会出现"红""绿""蓝"三个通道文件，如图6-3-2所示。将通道单独分离出来后，使用"色阶"命令对指定通道进行色彩调整。调整后再将三个通道合并，如图6-3-3所示。

图6-3-2　分离通道操作及效果

图6-3-3　合并通道操作及效果

（2）建立选区分离通道

通过建立选区分离通道完成抠图，选中"红"通道，按住<Ctrl>键并单击，建立红色信息选

项目6 书籍装帧设计

区,如图6-3-4所示。回到图层面板,新建"图层1",重命名为"红色",打开"拾色器",将前景色设置为R255、G0、B0,按快捷键<Alt+Delete>,填充"红色"图层,如图6-3-5所示。为了避免其他颜色通道提取的时候受到上一个颜色通道的干扰,要提取下一个通道颜色前,将之前填充的图层隐藏。隐藏之后,重复上述步骤,依次绿色和蓝色通道,"绿"通道对应的"绿色"图层填充R0、G255、B0,"蓝"通道对应的"蓝色"图层填充R0、G0、B255,经过以上步骤,就可以分别得到"红色","绿色","蓝色"三个图层。选中三个图层,将图层模式改为"滤色"后,按快捷键<Ctrl+E>将三个图层合并,就可以完成"分离通道"抠图,效果如图6-3-6所示。

图6-3-4 建立"红"通道选区

图6-3-5 填充红色在"红色"图层

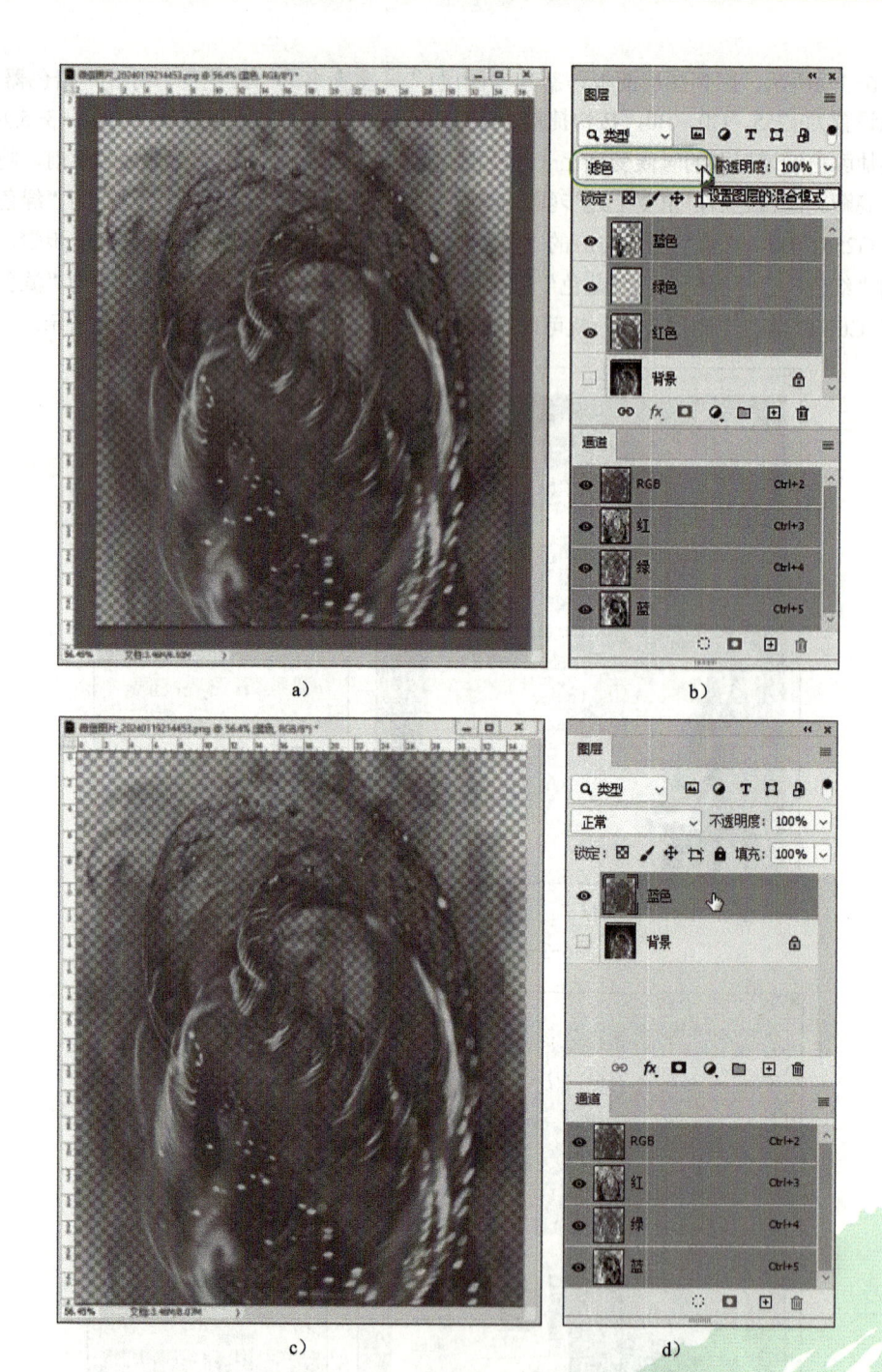

图6-3-6 "分离通道"抠图效果

🔸 任务实施

1. 打开素材

执行"文件"→"打开"命令,或者使用快捷键<Ctrl+O>,打开"光影素材""星空素材",如图6-3-7所示。

项目6　书籍装帧设计

a)　　　　　　　　　　　　b)

图6-3-7　打开素材

2. 建立颜色选区分离通道

1）选择"光影素材"的"红"通道，按住<Ctrl>键选中红色信息选区，如图6-3-8所示。回到"图层"面板，新建"图层1"，双击图层名称"图层1"，然后将"图层1"重命名为"红色"，双击打开"拾色器"，将前景色设置为R255、G0、B0，按快捷键<Alt+Delete>填充"红色"图层，为了避免填充颜色时受其他颜色干扰，在填充前将其他图层隐藏，如图6-3-9所示。

a)　　　　　　　　　　　　b)

图6-3-8　提取红色信息

133

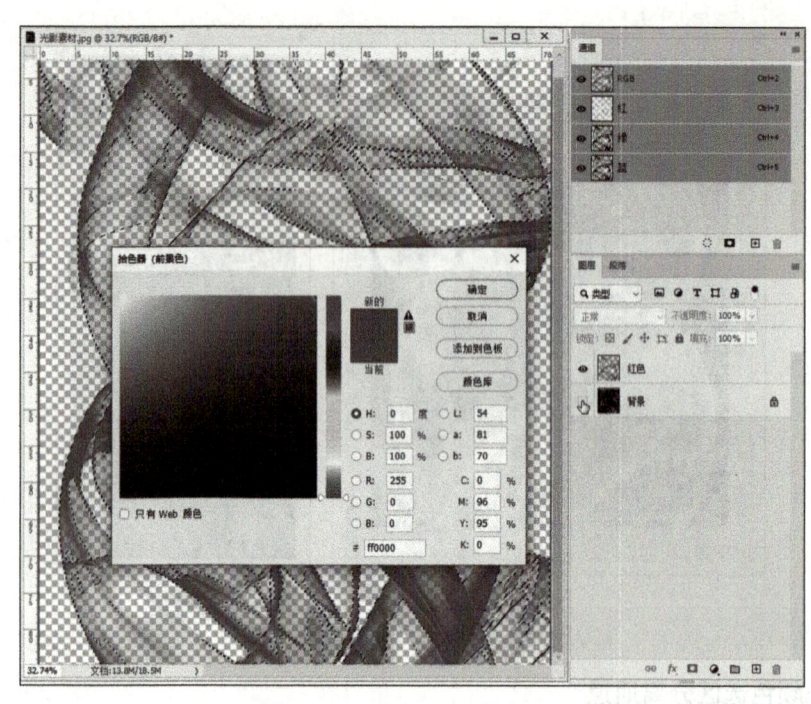

图6-3-9　填充"红色"图层

2）按照上述步骤，打开"背景"图层的可见性，关闭"红色"图层的可见性，依次建立"绿"通道、"蓝"通道选区后，在"图层"面板新建图层后重命名为"绿色""蓝色"，设置前景色为R0、G255、B0，填充"绿色"图层，设置前景色为R0、G0、B255，填充"蓝色"图层，如图6-3-10和图6-3-11所示。

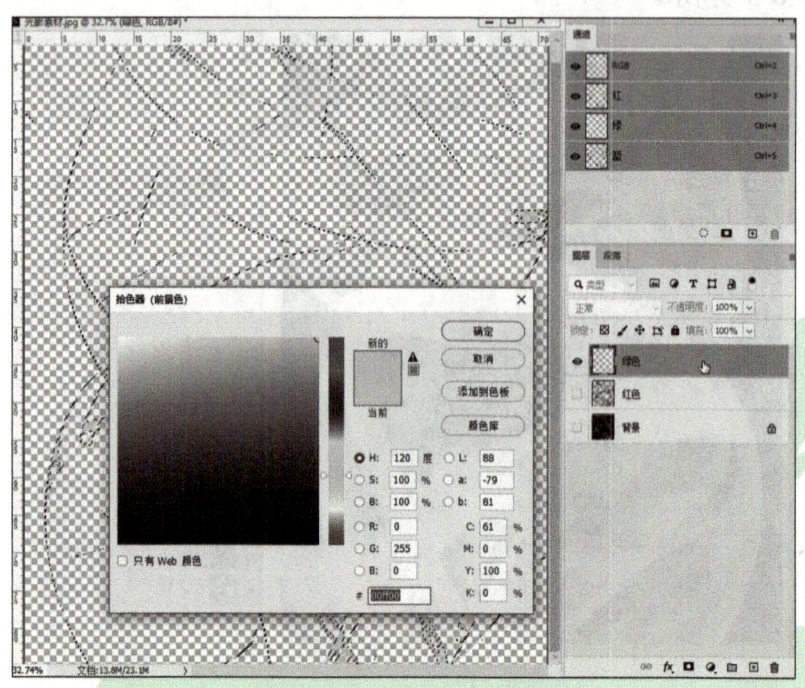

图6-3-10　绿色信息提取效果

项目6　书籍装帧设计

图6-3-11　蓝色信息提取效果

3）完成三个颜色通道图层后，选中三个图层，将图层模式改为"滤色"，就可以完成颜色选区分离通道操作，抠图完成效果如图6-3-12所示。

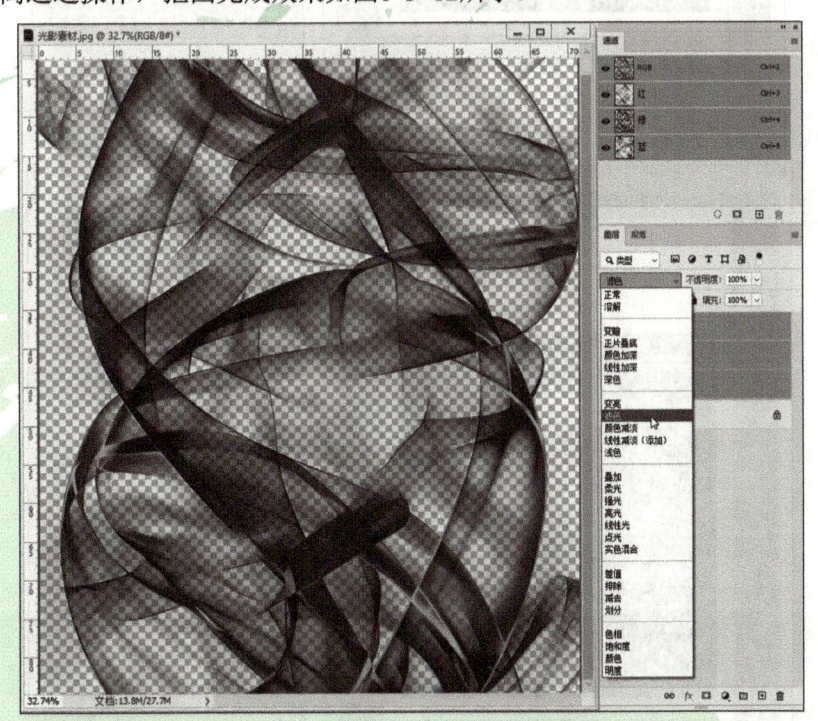

图6-3-12　"光影"素材抠图完成效果

4）按快捷键<Ctrl+E>将三个图层合并，并将合并图层重命名为"光影素材"。参照光影素材的抠取方法，抠好星空素材。

3. 封面排版

执行"文件"→"新建"命令，或者按快捷键<Ctrl+N>，新建2480×3508像素白色背景画布的文档，按快捷键<Ctrl+R>打开标尺，根据效果图拉出参考线，定好素材摆放位置，选择"移动工具"，将抠好的"光影素材"和"星空素材"拖动到新建的文档中，按快捷键<Ctrl+T>调整素材大小和位置，效果如图6-3-13所示。最后，把"光影素材"图层模式改为"线性减淡（添加）"，效果如图6-3-14所示。

a)　　　　　　　　　　　　　　b)

图6-3-13　素材放置效果

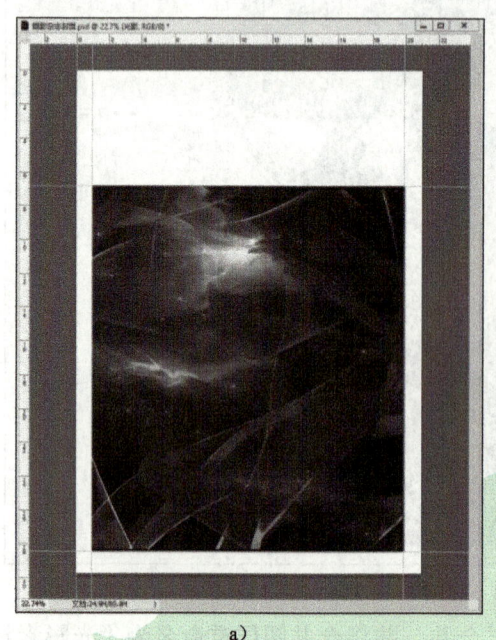

a)　　　　　　　　　　　　　　b)

图6-3-14　"线性减淡（添加）"效果

4. 文字排版

（1）添加标题文字

单击"图层面板"下方"创建组"，双击图层组重命名为"标题文字"，选择"文字工具"，在该组新建4个"文字图层"，按图6-3-15所示的文字属性设置，依次添加文字"摄影""PHOTOGRAPHY""光影是自然的馈赠，也是摄影师的挑战。通过光影摄影，我们可以将这个世界的美，展现给更多的人。让我们一起，用光影讲述故事，用光影记录生活，用光影创造美""06"，四组文字的颜色统一设置为"059b7e"。

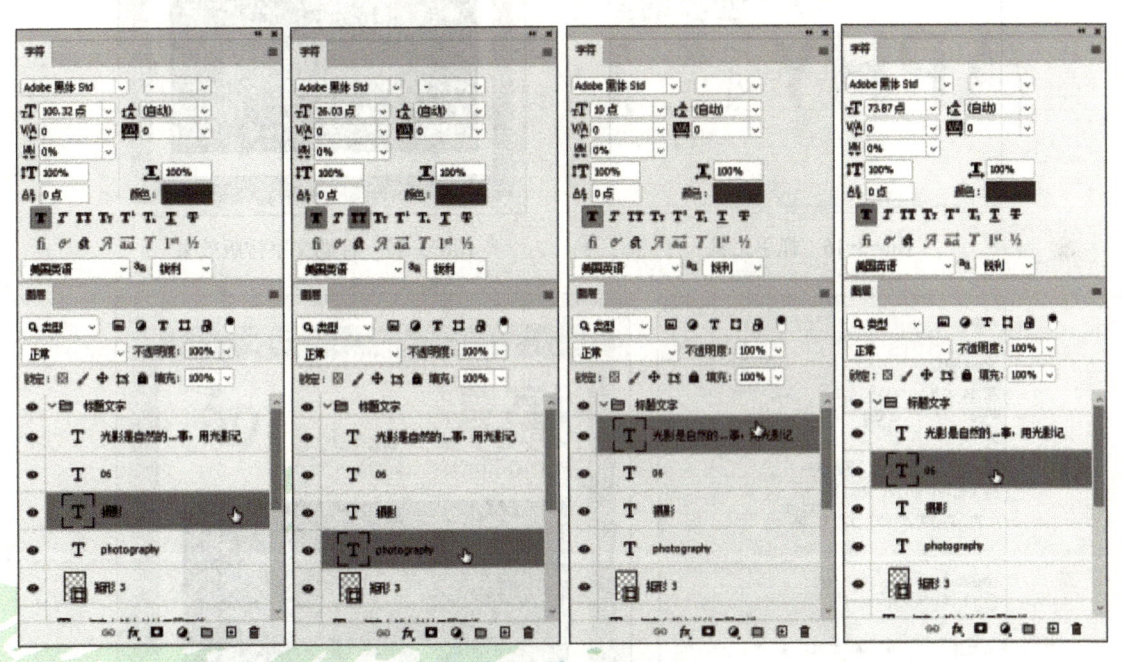

图6-3-15　文字属性设置

（2）标题文字排版

选择"移动工具"，按图6-3-1文字效果排版，将对应的文字效果移动到与效果图一样的位置，利用参考线工具对齐文字，按住<空格>键，切换成抓手工具，放大画布，调整文字位置细节，如图6-3-16所示。然后选择"直线工具"，为"06"文字添加直线，关闭"直线"填充，描边设置为"5像素"，颜色为"059b7e"，效果如图6-3-17所示。

（3）添加正文文字

选择"文字工具"，添加三个"文字图层"，按图6-3-18a文字属性设置，颜色设置为"fffefe"，分别输入"探索自然之美的无限可能""捕捉大自然的魅力 风光摄影的艺术""光影，是摄影的灵魂，是摄影师的画笔，是他们用来描绘世界的工具"三组文字，使用"移动工具"，拖动文字，按图6-3-18b所示效果，调整文字位置。

图6-3-16 抓手工具　　　　　　　图6-3-17 标题文字排版效果

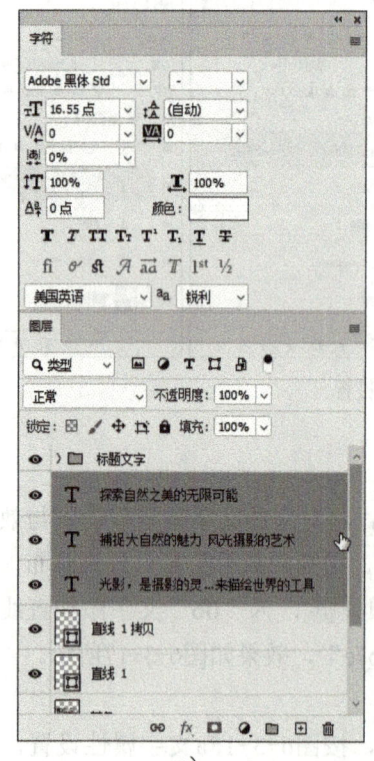

a)　　　　　　　　　　　　　　b)

图6-3-18 正文文字效果

5. 文件保存

保存源文件，命名为"摄影封面设计"并导出一张JPG格式的图片放在文件夹里。

项目6　书籍装帧设计

🔸 任务小结

通道不仅可以用来储存选区、图像，还可以进行混合图像、制作选区、调色和抠图等操作。

🔸 任务拓展

利用通道色阶和文字工具，制作"旅游杂志封面"。

扫码看视频

1）新建2480×3508像素，背景色为白色的文档，导入"风光"素材，在通道面板中单击右侧选项卡，选择"分离通道"选项，选择每个通道窗口，按快捷键<Ctrl+L>调出"色阶"对话框，调整每个通道的颜色对比度，回到"通道"面板，单击右侧选项卡，选择"合并通道"，模式选择"RGB颜色"，指定通道选择"未标题-2_红""未标题-2_绿""未标题-2_蓝"通道，效果如图6-3-19所示。

图6-3-19　通道色彩调整

2）选择"矩形工具"，在封面下方绘制矩形，填充颜色为"dae1ff"，绘制圆角矩形，填充颜色为"a31818"，两个矩形按图6-3-20效果摆放。选择"文字工具"，根据图6-3-20效果添加文字内容。

图6-3-20　最终效果

项目7　Banner设计

Banner设计的应用领域有网页、移动端、专题活动宣传广告等。通常情况下，Banner特指PC端的网页Banner和手机移动端的页面Banner。

Banner的内容包括电商广告、游戏广告、金融广告等，主要用于吸引用户、宣传产品，从而达到增加点击率、渲染气氛的作用。Banner主要包括三个部分，它们分别是：文字、主视觉图和背景。其中文字的主要功能是传播广告意图、产品信息、促销信息，要求准确地传达字义、词义，给人以清晰明确的印象；主视觉图一般放置产品图、人物模特等，它的选用要切合Banner主题；而背景的设计则要求烘托出整体气氛。

在设计Banner的过程中，文字工具、分布间距是文字部分常用的工具；抠图、修图则是主视觉图常用的功能；背景的设计可以使用钢笔工具、图层混合模式等。此外，色轮选色是颜色搭配的有力武器。

知识目标

- 了解Banner的基本概念和作用。
- 了解Banner设计特点及其在网页端和移动端的常见规范。

技能目标

- 能够使用弯度钢笔工具、色轮、分布间距制作Banner。
- 能够使用高反差保留滤镜、上次滤镜、图框工具制作Banner。

素养目标

- 感受Banner设计中的色彩之美、版式之美。
- 能把对美的感悟运用到平面设计中。

任务1 制作教育类网页Banner

任务描述

"每天学习网"是一个教育类网站,主要内容有视频类课程教学、教学资源共享、学习活动宣传等。为了宣传世界读书日,"每天学习网"准备制作读书日的Banner放在网站的首页。本任务主要使用弯度钢笔工具绘制水流曲线,使用色轮选色为水流和文字进行颜色搭配设置,使用分布间距为文字外框进行间距设置。完成效果如图7-1-1所示。

图7-1-1 教育类网页Banner

知识技能

学会使用弯度钢笔工具、色轮、分布间距进行图像处理,完成Banner制作。

1. 弯度钢笔工具

单击"钢笔工具"右下角三角形符号,弹出钢笔工具组,如图7-1-2所示。

图7-1-2 钢笔工具组

单击"弯度钢笔工具"后,出现工具属性栏。弯度钢笔模式选项是用来设置弯度钢笔工具的模式,包括形状模式和路径模式。"弯度钢笔工具"两种模式下的属性栏如图7-1-3和图7-1-4所示。

图7-1-3 "弯度钢笔工具"形状模式属性栏

图7-1-4 "弯度钢笔工具"路径模式属性栏

绘制曲线:路径模式下,两点绘制出直线段,鼠标单击出第3个锚点后出现曲线段,具体形状可根据需求设置锚点,如图7-1-5所示。

项目7　Banner设计

转换锚点：在绘制出曲线之后，如果想要把平滑锚点转化为尖突锚点，只需要把光标移动到对应锚点，双击即可转化为尖突锚点。

移动锚点：鼠标左键按住对应锚点不放，进行移动即可。

2. 色轮选色

在"窗口"菜单打开"颜色"面板，单击"颜色"面板右侧■按钮，在弹出的列表中单击"色轮"，如图7-1-6所示。

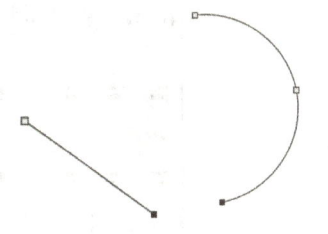

图7-1-5　绘制曲线

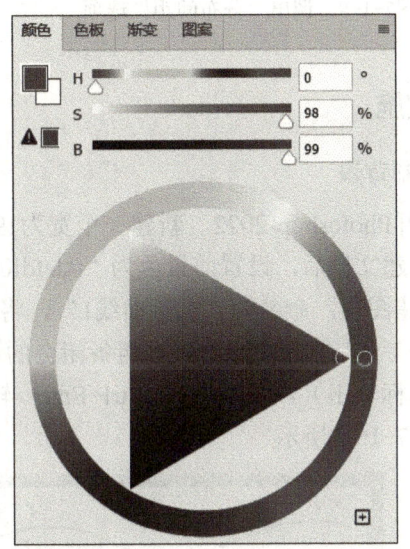

图7-1-6　打开色轮

色轮使用：利用色轮可以快速找出当前颜色的邻近色、对比色和互补色等。可以看到色环上有白边的圆圈，它表示当前颜色。与之相距60°的颜色为邻近色，色轮中三角形另外两个顶点显示的颜色范围为当前颜色的对比色，与之相距180°所对应颜色为当前颜色的互补色。通过色轮可以快速实现选色，如图7-1-7所示。

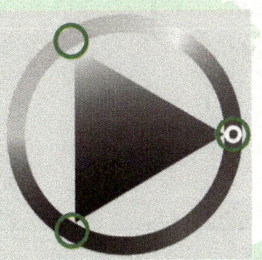

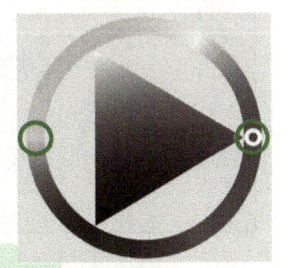

图7-1-7　当前颜色的邻近色、对比色和互补色

3. 分布间距

选中三个以上对象，单击属性栏图标 ⋯ ，调出"分布间距"选项，如图7-1-8所示。

"分布间距"选项可使被选中的对象边沿在水平方向或者垂直方向距离保持一致，如图7-1-9所示。

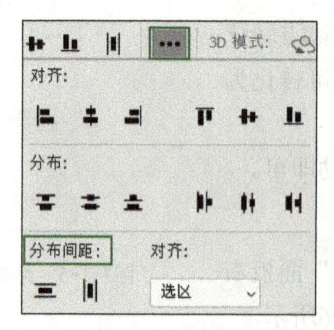

图7-1-8　调出"分布间距"选项　　　　图7-1-9　分布间距

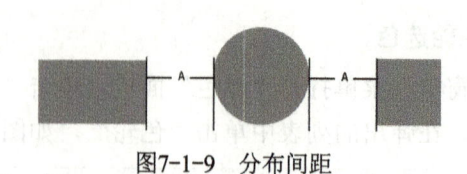

任务实施

1. 绘制背景

1）打开Photoshop 2022，新建一个宽为1920像素，高为560像素，分辨率为72像素/英寸的文档。新建文档后，设置前景色为"#defdf0"，按快捷键<Alt+Delete>，填充前景色。

2）新建图层，命名为"水流曲线1"，将前景色设置为"#c1fae2"，使用弯度钢笔工具路径模式 ，绘制上、下两条闭合的水流曲线（各个位置直接单击即可，需要直角转弯处，鼠标双击），按快捷键<Ctrl+Enter>转换路径为选区，按快捷键<Alt+Delete>填充前景色，如图7-1-10所示。

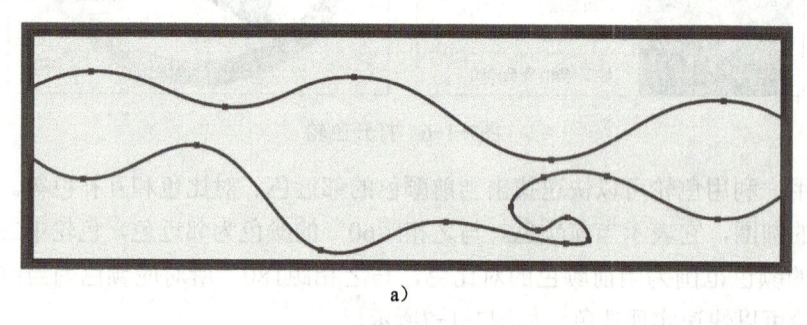

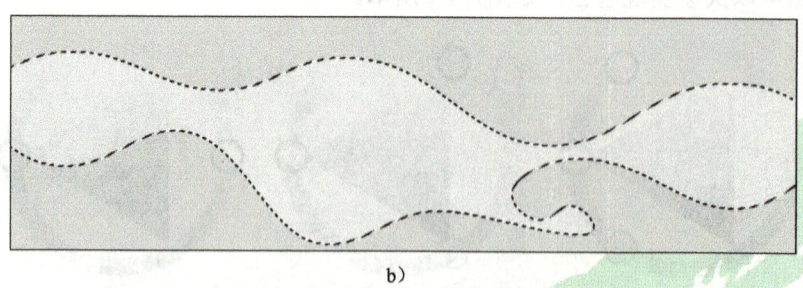

a)

b)

图7-1-10　使用弯度钢笔工具绘制水流曲线1

3）新建图层，命名为"水流曲线2"，使用弯度钢笔工具绘制水流曲线2（方法同上，可结合直接选择工具调整），按快捷键<Ctrl+Enter>转换路径为选区，设置前景色为"#99e7c6"，按快捷键<Alt+Delete>填充前景色，如图7-1-11所示。

4）新建图层，命名为"水流曲线3"，再次使用弯度钢笔工具绘制水流曲线3，按快捷

项目7　Banner设计

键<Ctrl+Enter>转换路径为选区，设置前景色为"#6bb093"，按快捷键<Alt+Delete>填充前景色，如图7-1-12所示。

a)

b)

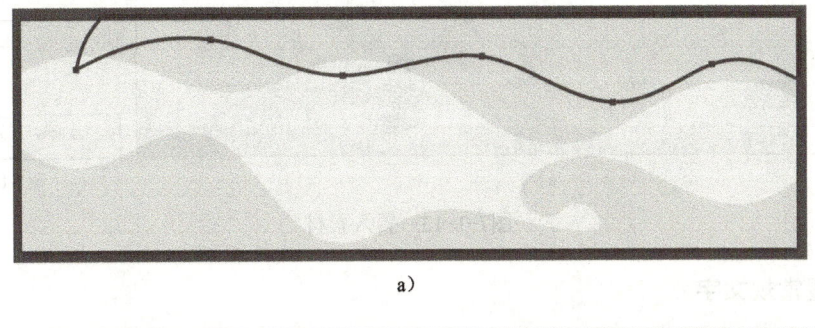

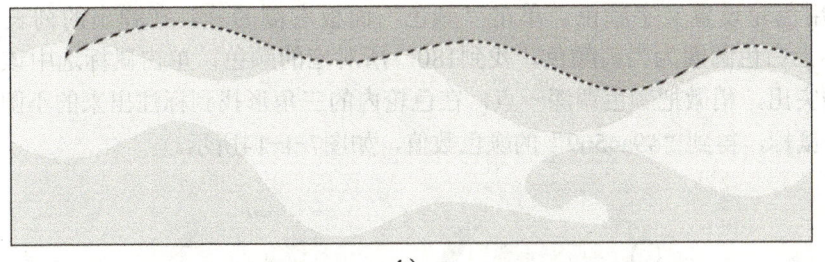

图7-1-11　使用弯度钢笔工具绘制水流曲线2

a)

b)

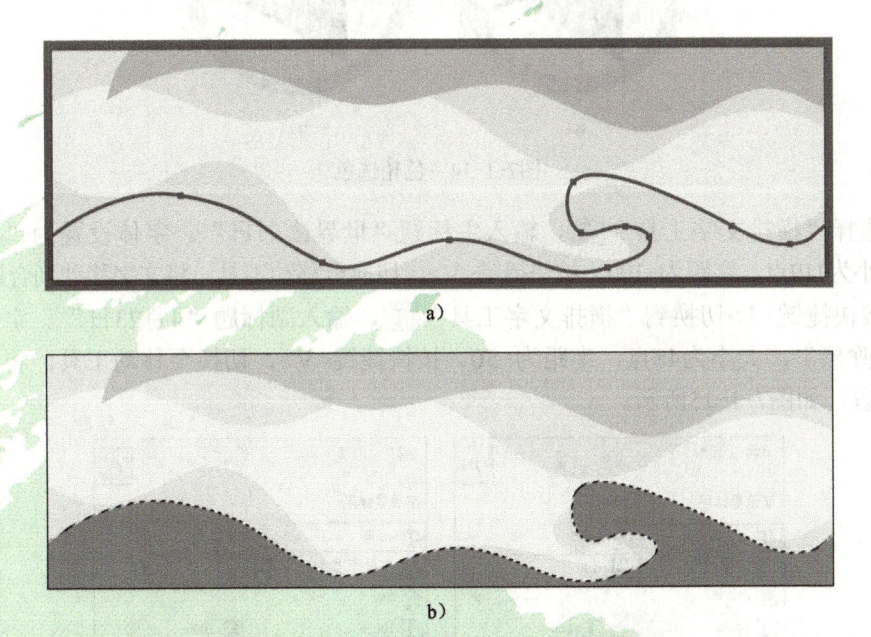

图7-1-12　使用弯度钢笔工具绘制水流曲线3

2．置入主视觉图

执行"文件"→"置入嵌入对象"命令，在弹出的对话框中选择"7-1读书人物素材"，单击"置入"。在属性栏锁定比例，缩小素材至22%，按快捷键<V>切换到移动工具，将素材放置在合适位置，如图7-1-13所示。

145

a)

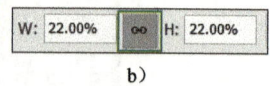

W: 22.00% H: 22.00%
b)

图7-1-13 置入素材

3. 设置常规文字

1）使用色轮设置文字颜色。单击"颜色"面板右侧的 ≡，在弹出的列表中单击"色轮"。色环上白色圆圈为当前颜色，找到180°所对应的颜色，单击鼠标选中该颜色。为了使文字更加突出，稍微把颜色调深一点，在色轮内的三角形找到标注出来的小圆圈，在它的右下角单击鼠标，得到"#9a4569"的颜色数值，如图7-1-14所示。

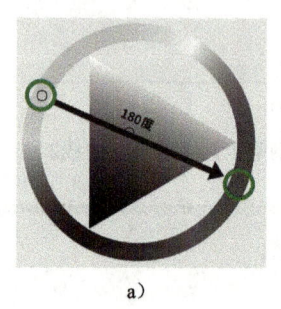

a)   b)

图7-1-14 色轮选色

2）选择"横排文字工具" T，输入主标题"世界读书日"。字体设置为"字魂星眸黑"，大小为119点，字距为-100。按快捷键<V>，切换至移动工具，将文字移动到合适位置。

3）按快捷键<T>切换到"横排文字工具" T，输入副标题"4月23日"。字体设置为"字魂星眸黑"，大小为48点，字距为-50。按快捷键<V>，切换至移动工具，将文字移动到合适位置，如图7-1-15所示。

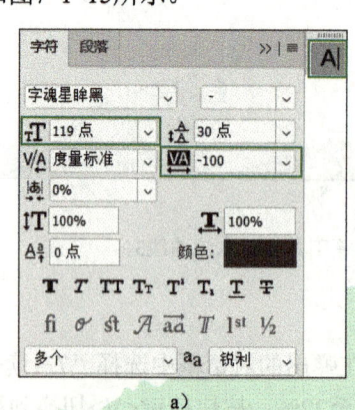

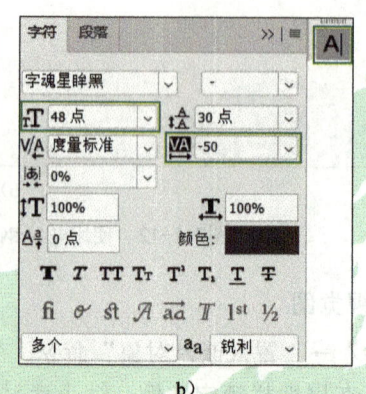

a)   b)

图7-1-15 输入标题文字

146

项目7　Banner设计

c)

图7-1-15　输入标题文字（续）

4）新建图层，命名为"副标题装饰线"。切换到铅笔工具，设置其粗细为4px，按住<Shift>键绘制一段直线；按快捷键<V>切换到移动工具，按住<Alt>键，拖动鼠标左键不松手，向右移动，复制图层"副标题装饰线"；最后，按住<Shift>键，选中两个装饰线图层和文字"4月23日"图层，单击属性栏图标 ，设置对齐方式为垂直居中对齐，分布间隔为水平分布，如图7-1-16所示。

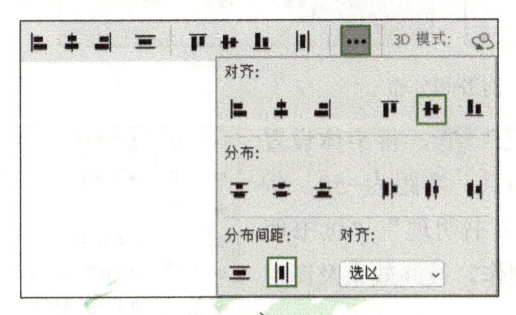

a)　　　　　　　　　　　　　　　b)

图7-1-16　副标题设置

5）按快捷键<T>切换到"横排文字工具" ，将字体设置为思源宋体，字重为Bold，字号为20，行距为29；字距为0。复制素材"7-1说明文案"文字并粘贴。在属性栏单击图标 ，设置为居中对齐。按快捷键<V>切换到移动工具，把文字移动到合适位置，如图7-1-17所示。

图7-1-17　输入说明文字

4. 设置修饰文字

1）新建图层，命名为"文字外框"。使用椭圆选区工具按住<Shift>键绘制一个正圆，右键单击"描边"，绘制宽度为3像素的描边。单击菜单"选择"→"修改"→"收缩"，收缩量设置为5像素，按快捷键<Alt+Delete>填充前景色，如图7-1-18所示。

2）按快捷键<V>，切换到移动工具。按住<Alt>键，拖动鼠标到合适位置，重复3次操作，得到四个"文字外框"。按住<Shift>键，同时选中四个"文字外框"图层，单击属性栏的 ··· 图标，单击"顶对齐"，分布间距设置为水平分布。利用键盘上下左右键，移动到合适位置，如图7-1-19所示。

图7-1-18　绘制文字外框

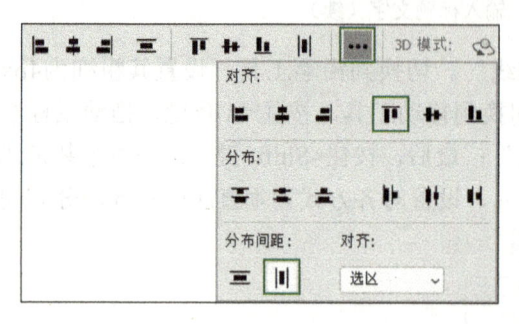

图7-1-19　对齐和分布

3）按快捷键<T>切换到"横排文字工具"，将字体设置为"字魂星眸黑"，大小为26点，行距为29点，字距为-50，颜色为#ffffff。分别输入文字"读书明史""读书明理""读书明智""读书明德"，调整位置，完成Banner制作。最终效果及图层情况如图7-1-20所示。

a)

图7-1-20　最终效果及图层情况

b)

🔔 任务小结

在Photoshop高版本中，完善了一些功能。本次任务使用完善后的弯度钢笔工具绘制Banner背景；使用色轮选色对文字进行配色；同时使用分布间距对一些元素进行对齐设置，从而完成"教育类网页Banner"的制作。

☯ 任务拓展

利用钢笔工具、圆角矩形工具、分布间距等，制作"儿童玩具网页Banner"。效果如图7-1-21所示。

项目7 Banner设计

图7-1-21 儿童玩具网页Banner效果

1）设置文件尺寸：宽1920像素，高560像素，分辨率72像素/英寸。
2）填充背景图层颜色：#fddbdd。
3）置入人物素材，调整大小。
4）使用弯度钢笔工具绘制飞出的光束（颜色#fcf474、#feef05）。
5）置入玩具素材，利用图层样式 fx 设置适当阴影。
6）输入文字（主标题字体：尔雅趣宋体，大小：100点，字距：-100，颜色：#e9292b。其他文字大小根据比例调整，数字可以使用其他字体。优惠券字体为思源宋体）。
7）使用圆角矩形工具绘制"低至2.5折"的文字外框和优惠券底部的梯形（使用直接选择工具将下面的锚点相向移动，变为梯形，填充颜色#fc6a97），同时使用钢笔工具为梯形绘制高光部分（颜色#fab5ca）。

扫码看视频

任务2 制作女装手机APP Banner

任务描述

"华夏服饰"是一家专门从事女装汉服设计和制作的公司。为了更好地宣传汉服，提高销量，公司宣传部决定制作一个Banner在手机网络零售APP的公司网店首页投放。本任务主要使用图框工具处理主图、使用图层混合模式处理背景、使用滤镜及其他工具完成整个设计。效果如图7-2-1所示。

图7-2-1 女装手机APP Banner

扫码看视频

Photoshop平面设计基础

知识技能

学会利用图层混合模式、滤镜、图框工具进行图像处理，完成女装手机APP Banner广告制作。

1. 实时预览的图层混合模式

图层混合模式如图7-2-2所示。

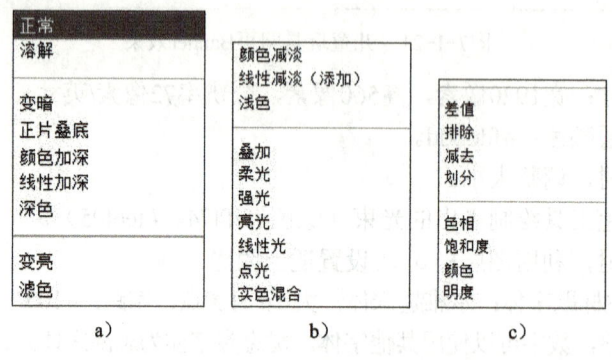

图7-2-2　图层混合模式

Photoshop 2019版本后，只需在弹出的列表中，将光标移动到对应模式，即可实时预览该模式下的效果，而无需一一单击查看，如图7-2-3所示。

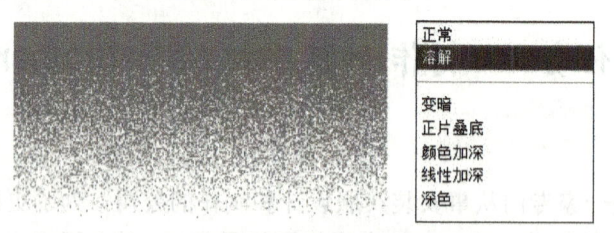

图7-2-3　实时预览图层混合模式：溶解

2. 高反差保留滤镜

单击菜单中的"滤镜"，在弹出的列表中找到"其他"，单击"高反差保留"，弹出"高反差保留"对话框，如图7-2-4所示。

半径：用于控制反差部分被保留的程度，数值越大，被保留的反差部分越大。一般情况下，数值不需要太大，保留需要的轮廓即可。

预览：在图层中预览半径调整后的效果。

高反差保留能保留图像中反差较大部分，例如，物体与物体交界处、同一个物体中颜色存在较大区别部分等。通常结合图层混合模式中的叠加、柔光、强光、亮光、点光、线性光使用，从而锐化图像中的轮廓，增加图像清晰度。

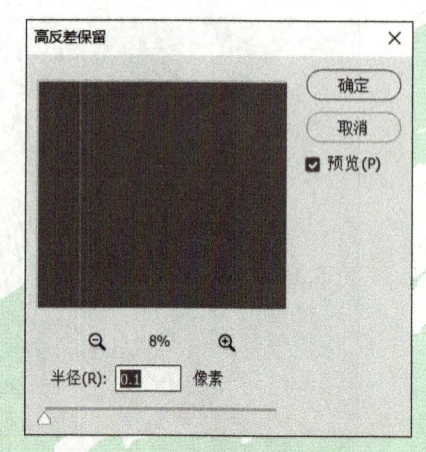

图7-2-4　"高反差保留"对话框

项目7　Banner设计

3. 上次滤镜操作

单击菜单中"滤镜"，顶部出现上一次操作过的滤镜，单击即可再次执行。

上次滤镜操作的快捷键是<Ctrl+F>，按快捷键<Ctrl+F>，Photoshop会自动按照上一次设置好的参数再进行一次滤镜操作。如果想要重复执行滤镜，但参数有所变化，可按快捷键<Ctrl+Alt+F>，则会弹出上次滤镜操作的对话框，只需修改原参数即可。

4. 图框工具 ⊠

在工具栏选择"图框工具"后，图框工具属性栏如图7-2-5所示。

图7-2-5　图框工具属性栏

⊠：创建矩形图框。
⊗：创建椭圆形图框。

图框工具的作用：让图像只显示图框范围内的部分，其余部分不可见。

（1）绘制常规图框

单击"图框工具" ⊠，在工作区按住鼠标左键拖动，绘制出所需区域，如图7-2-6所示。选中所绘制的图框，单击菜单中"窗口"→"属性"调出属性面板。单击"插入图像"后的图标 ⌄，选中"从本地磁盘置入-嵌入式"，如图7-2-7所示。

图7-2-6　绘制图框　　　　图7-2-7　插入图像

在弹出的对话框中选择所需图片，单击"置入"按钮。置入后，默认对象为置入图片，按<Ctrl+T>快捷键，可缩放图片并移动位置。按快捷键<V>切换到选择工具，在工作区空白处单击，完成图框编辑，如图7-2-8所示。

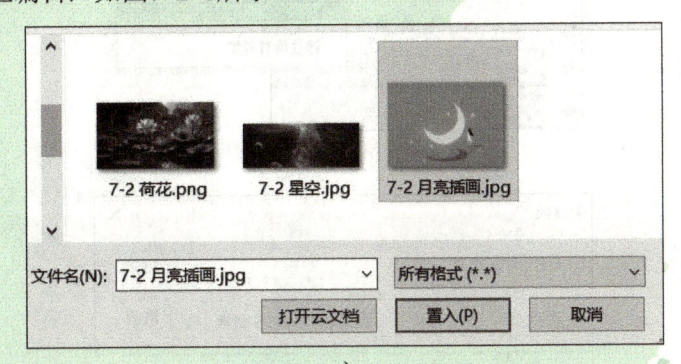

a）

图7-2-8　图框中置入图片

b)   c)

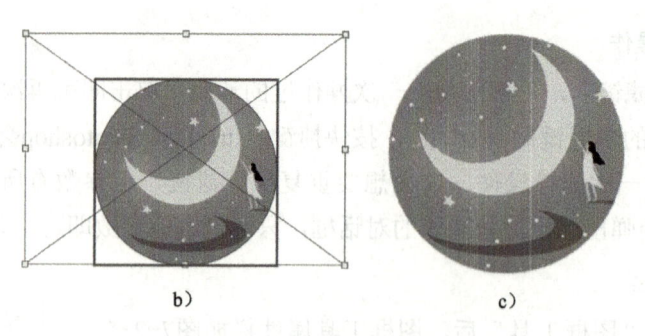

图7-2-8 图框中置入图片（续）

如需更换图框内图片，只需选中图框，重新以"从本地磁盘置入-嵌入式"的方式更新图像即可。

（2）绘制特殊图框

如果想要显示的区域是特殊形状，可以通过钢笔工具绘制形状实现。

使用钢笔工具的"形状"　　　模式绘制月亮，然后在形状图层右击，选择弹出列表中"转换为图框"命令，在弹出的"新建帧"对话框中，单击"确定"按钮，即可把形状转换为图框，如图7-2-9所示。

a)

b)

c)

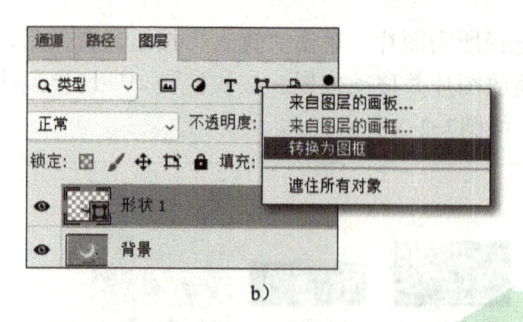

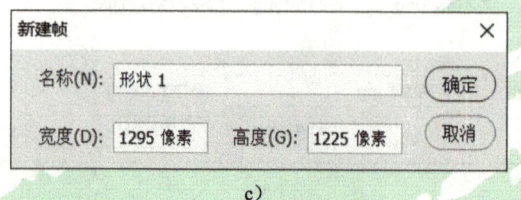

图7-2-9 将形状转换为图框

项目7　Banner设计

继续选中图框，单击属性面板，为图框以"从本地磁盘置入-嵌入式"方式插入图像，效果如图7-2-10所示。

图7-2-10　特殊形状图框效果

文字也可转化为图框。使用文字工具 T.，输入文字后，在文字图层右击，选择弹出列表中"转化为图框"命令，接着重复上面的操作即可。

任务实施

1. 设置背景

1）打开Photoshop，新建一个宽750像素，高400像素，分辨率72像素/英寸的文档。单击渐变工具，属性栏设置为线性渐变，单击颜色条，将填充颜色设置为左边"#ab1b1b"，右边"#810911"，如图7-2-11所示。

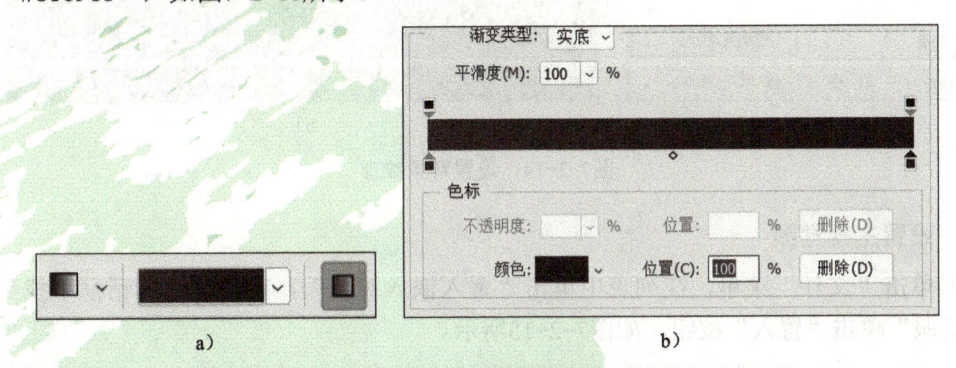

a）

b）

图7-2-11　设置线性渐变颜色

2）按住鼠标，从工作区左上角往右下角拖动，填充渐变色，如图7-2-12所示。

3）单击"文件"菜单，在列表中单击"置入嵌入对象"，在弹出的对话框中，选中素材"7-2背景纹理"，单击"置入"按钮，如图7-2-13所示。

4）放大置入的图片，使之布满背景，按

图7-2-12　填充渐变色

<Enter>键确认。然后把图层混合模式改为明度，设置图层不透明度为20%，如图7-2-14所示。

a)

b)

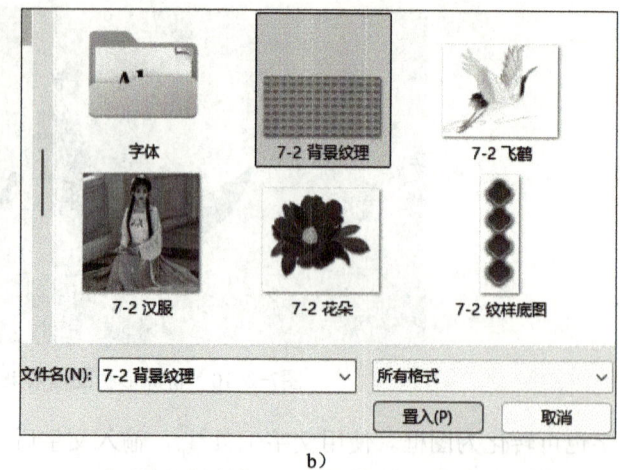

图7-2-13　置入背景纹理

a)

b)

图7-2-14　设置背景纹理

2. 设置主视觉图

1）单击"文件"菜单，在列表中单击"置入嵌入对象"，在弹出的对话框中找到素材"7-2汉服"单击"置入"按钮，如图7-2-15所示。

图7-2-15　置入图片

项目7　Banner设计

2）单击图框工具，在属性栏选择椭圆模式。按住<Shift>键，在置入的图片上按住鼠标左键拖动，绘制正圆图框，如图7-2-16所示。

图7-2-16　使用图框工具

3）单击图框，此时，编辑对象切换为框内图片，按快捷键<Ctrl+T>对图片进行缩放，并调整位置，然后按<Enter>键确认。双击图框，切换编辑对象为图框，按快捷键<Ctrl+T>调整图框大小，并移动到合适位置，按<Enter>键确认，如图7-2-17所示。

图7-2-17　调整图框

4）单击图层面板下的按钮，新建图层。双击图层名称部分，重命名为图片外框。按住<Ctrl>键，单击图框图标，载入选区。单击"选择"→"修改"→"扩展"，扩展量为5像素，如图7-2-18所示。

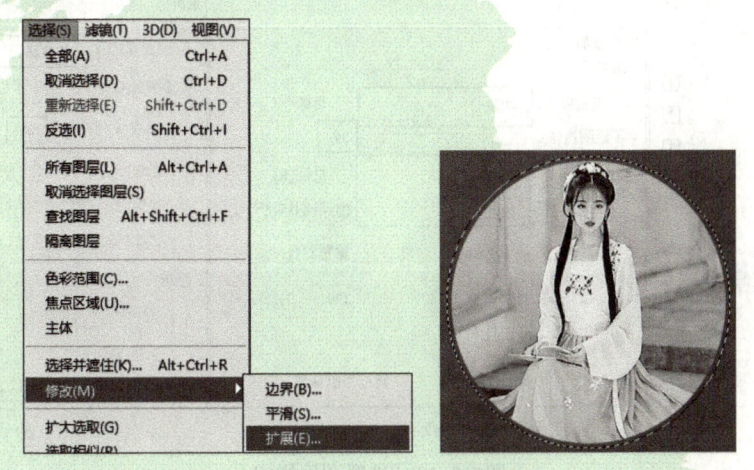

图7-2-18　绘制选区

155

5）按快捷键<M>，切换到矩形选框工具；单击鼠标右键，在弹出的列表中选择"描边"。在弹出的对话框中，设置宽度为3像素，颜色为"#f3c96f"，位置为居中，单击"确定"按钮后，按快捷键<Ctrl+D>取消选区，如图7-2-19所示。

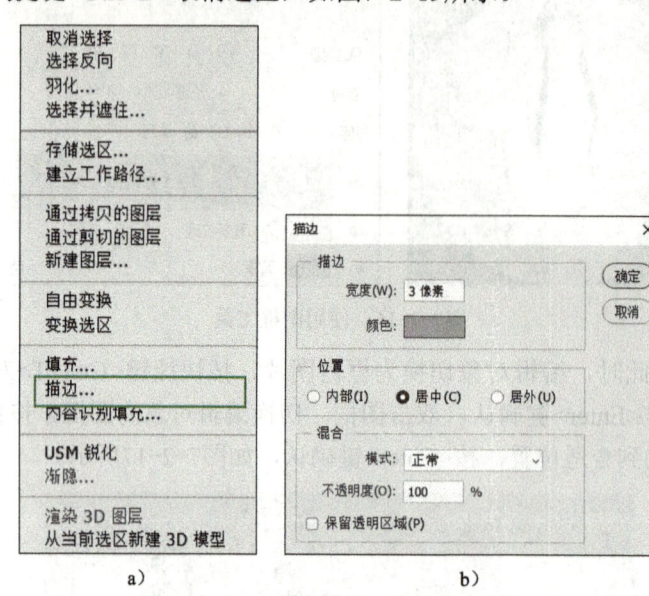

图7-2-19 描边选区

6）给图片外框图层添加"渐变叠加"和"投影"图层样式。单击图层面板下方"添加图层样式"按钮 fx.，在弹出的列表中单击"渐变叠加"，混合模式为明度，不透明度为39%，渐变颜色为"#d7d7d7"到"#ffffff"，样式为线性。接着单击"投影"，混合模式为正片叠底（黑色），不透明度为30%，角度为132度（使用全局光），距离为5像素，扩展为7%，大小为3像素，如图7-2-20所示。这样设置能使边框有立体感。

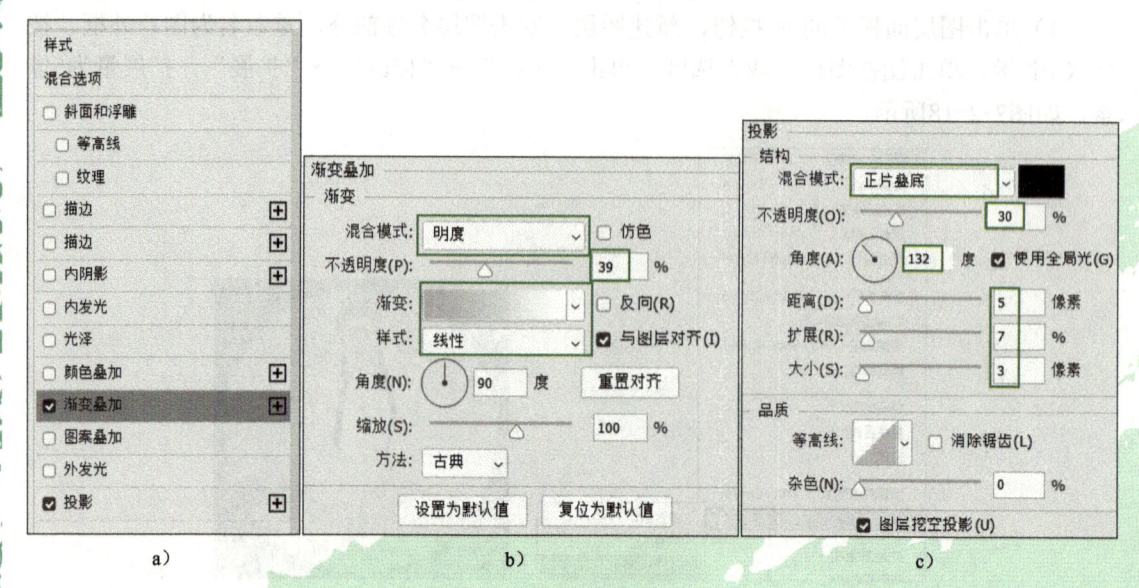

图7-2-20 设置图层样式

项目7　Banner设计

3. 设置修饰元素

1）单击"文件"菜单，在列表中单击选中"置入嵌入对象"，在弹出的对话框中找到素材"7-2花朵"，单击"置入"按钮。将所置入的图片移动到合适位置，按<Enter>键确定。用同样的方法，置入素材"7-2飞鹤"并调整位置，如图7-2-21所示。

图7-2-21　置入素材

2）使用高反差保留滤镜，增加修饰元素立体感。复制花朵图层，得到"7-2花朵 拷贝"图层，在菜单栏执行"滤镜"→"其他"→"高反差保留"命令，半径设置为0.9，单击"确定"按钮；将图层混合模式设置为线性光。复制"7-2飞鹤"图层，按快捷键<Ctrl+Alt+F>使用上次滤镜，调大半径参数，将图层混合模式调整为线性光，如图7-2-22所示。

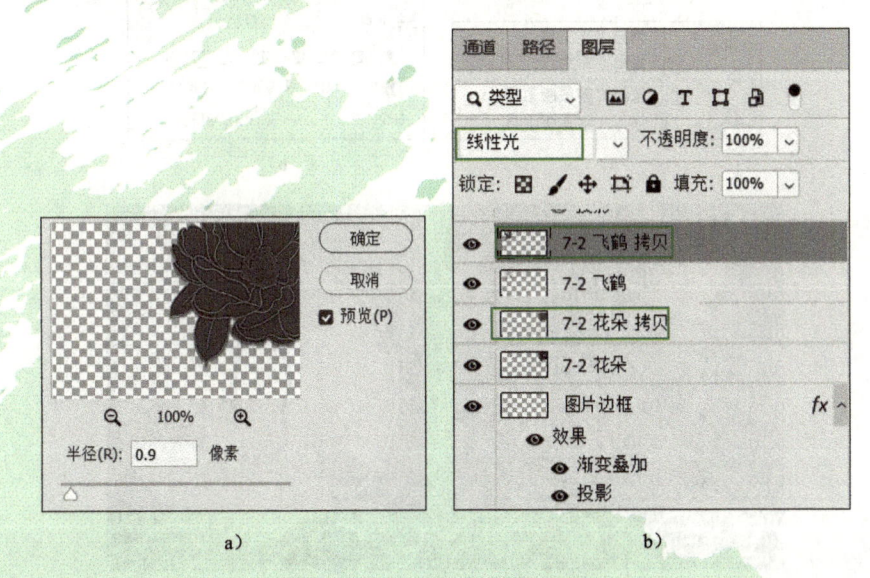

a)　　　　　　　　　　　　　b)

图7-2-22　增加素材立体感

3）单击"文件"菜单，在列表中单击选中"置入嵌入对象"，在弹出的对话框中找到素材"7-2祥云"，单击"置入"按钮。将祥云调整到合适大小，并移动到适当位置，按<Enter>键确认。效果如图7-2-23所示。

157

图7-2-23　置入祥云素材

4. 设置文字

1）选择"直排文字工具" ，设置字体为"梦源宋体"，大小为48点，行距为65点，字符间距为45，颜色为"#ede458"，输入主标题"唯美汉服匠心手作"（断行分两列）。在属性栏单击 ✓ 按钮，完成输入。按住快捷键<Ctrl>不松手，临时切换到"移动工具" ，将文字移动到合适位置，如图7-2-24所示。

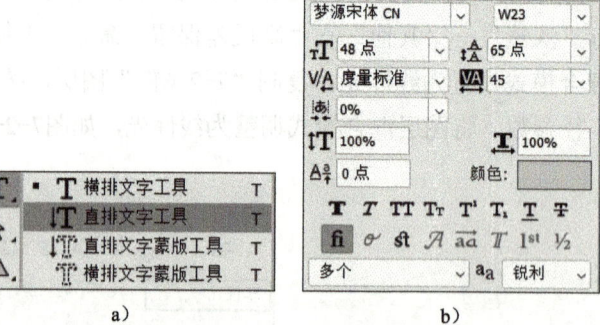

a)

b)

c)

图7-2-24　输入主标题

2）单击图层面板下的"添加图层样式"按钮 ，在弹出的列表中单击"渐变叠加"。混合模式设置为变亮，不透明度为61%，渐变颜色从"#6b6a68"到"#dedddb"。再在

项目7　Banner设计

样式列表中勾选"投影"，混合模式为正片叠底（颜色值为"#6e0506"），不透明度为91%，角度为132度（使用全局光），距离为4像素，扩展为1%，大小为7像素，如图7-2-25所示。

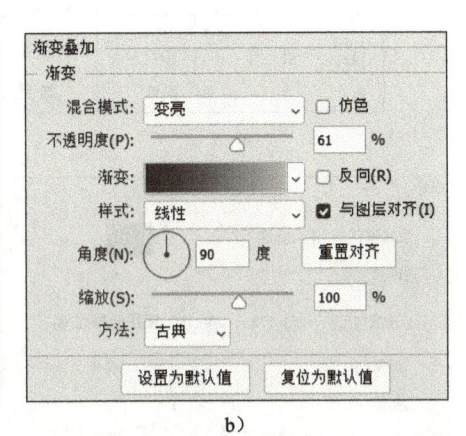

图7-2-25　设置主标题

3）选择"直排文字工具" ，输入文字"中国有礼仪之大，故称夏；有章服之美，谓之华。"在属性栏单击 ✓ 按钮，完成输入。设置字体大小为11点，行距为16点，字符间距为50，颜色为"#f3c96f"；段落对齐方式为顶对齐。单击图层面板下方的"添加图层样式"按钮 fx，在弹出的列表中单击选中"投影"，混合模式为正片叠底（颜色值为"#6e0506"），不透明度为91%，角度为132度（使用全局光），距离为2像素，扩展为1%，大小为5像素。完成设置后，按住快捷键<Ctrl>不松手，临时切换到"移动工具" ，将文字移动到合适位置，如图7-2-26所示。

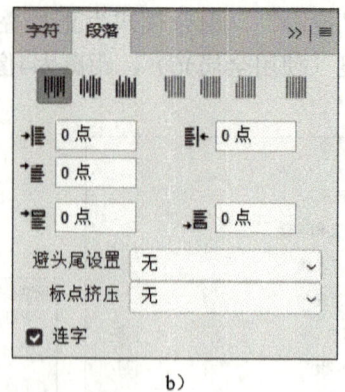

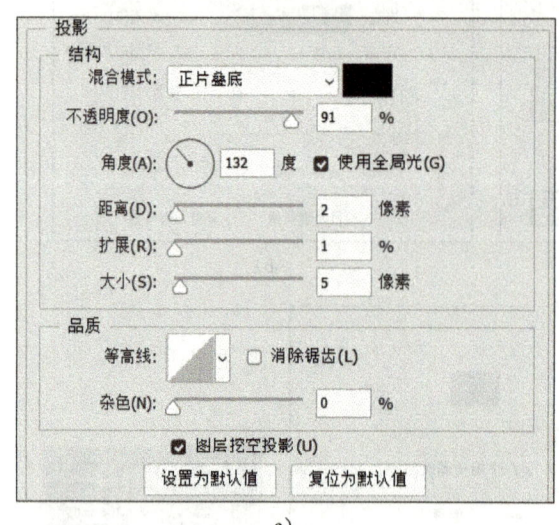

图7-2-26　设置说明文字

4）单击"文件"菜单，在列表中单击"置入嵌入对象"，在弹出的对话框中找到素材"7-2纹样底图"，单击"置入"按钮。将纹样底图调整到合适大小，并移动到适当位置，按<Enter>键确认。效果如图7-2-27所示。

图7-2-27　置入纹样底图素材

项目7　Banner设计

5）选择"直排文字工具"，输入副标题"华夏服饰"，在属性栏单击 ✓ 按钮确认。将字体设置为"梦源宋体"，设置大小为19点，行距为16点，字符间距为900（文字刚好放在修饰框内即可），颜色为"#f7c86e"。按快捷键<V>，切换到"移动工具"，将文字移动至合适位置，如图7-2-28所示。

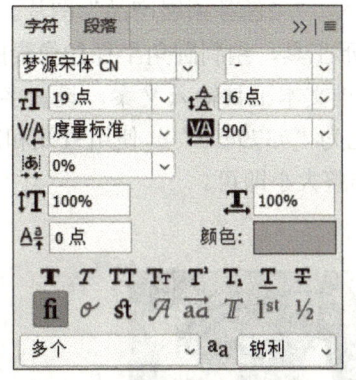

图7-2-28　完成女装手机APP Banner制作

🔔 任务小结

本次任务主要学习利用Photoshop版本完善后的实时预览图层混合模式来快速调整图像混合效果，利用高反差滤镜、上次滤镜操作增加修饰元素的立体感，同时，使用图框工具完成图片轮廓设置，从而实现女装手机APP Banner的制作。

🌱 任务拓展

利用实时预览的图层混合模式、图框工具和文字工具，制作"化妆品手机APP Banner"。效果如图7-2-29所示。

1）设置尺寸：宽750像素，高400像素，分辨率72像素/英寸。

2）置入产品图片"7-2任务拓展产品",铺满整个画面。

3）使用矩形选框工具,绘制版面上部的浅色矩形块,填充颜色为"#edf7ee"。

4）置入"7-2任务拓展树叶",将其图层混合模式设置为深色,调整图层不透明度。多次复制并调整大小、角度,完成背景纹理的制作。

5）再次置入"7-2任务拓展产品"图片。

6）使用矩形工具,绘制圆角半径10像素的形状,然后将形状图层转化为图框。

7）使用横排文本工具输入文案,设置字体为字魂冰宇雅宋,主题字体大小为32点,字距为-100,颜色为"#379e0c"。使用直线和矩形方块(颜色"#f3608d")修饰文字。其他文字根据比例调整大小即可。

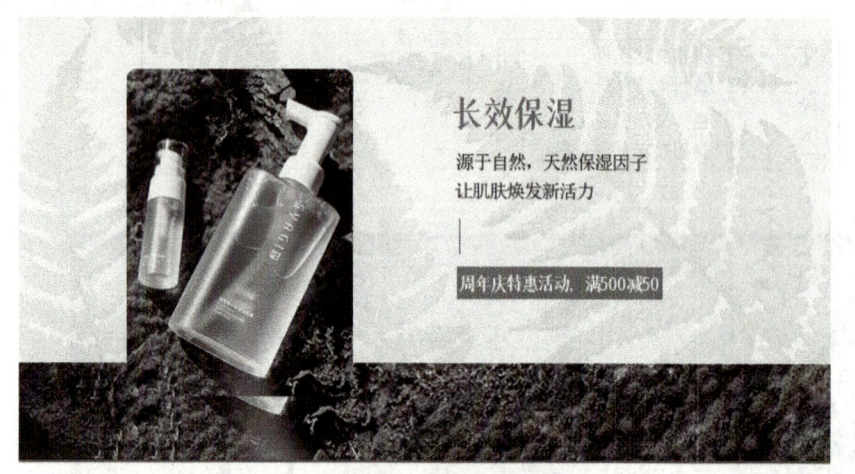

图7-2-29　化妆品手机APP Banner

项目8　手机页面设计

随着手机的流行和普及，越来越多的用户使用手机访问网站和应用程序。设计师要考虑移动设备的用户体验。良好的手机页面设计是增强品牌形象的重要途径。

手机页面设计有多种不同的方式，响应式设计、自适应设计等都是常用的设计方式。在实施手机页面设计时着重考虑用户界面的简化、视觉语言的使用以及用户体验的提升。

Photoshop提供了丰富的3D工具、图框工具、自动抠图等AI图形处理功能，可方便设计师合理利用尺寸和比例、选择适当的配色和字体等，达到直观、美观、易用和用户友好的界面效果。设计师根据具体的应用场景、用户群体等因素，运用Photoshop软件进行定制化设计，以优化用户体验和界面效果。

知识目标

- 熟悉手机页面设计的标准和规范。
- 了解手机页面设计的特点和要求，如响应式设计、布局设计等。
- 掌握手机页面设计的步骤。

技能目标

- 能够熟练掌握手机页面设计的方法，提高页面的用户体验和可用性。
- 能够综合利用AI图形处理工具和3D工具等方法设计手机页面。
- 能够根据用户需求和手机页面特点设计出合理的页面结构、布局和样式。

素养目标

- 培养独立思考的能力，提升创造力和创新能力。
- 注重作品的社会影响。

任务1　制作教育平台APP欢迎页

任务描述

某教育平台为了方便教师和学生浏览优质教育信息，选购课程资源，委托UI设计公司根据教育平台APP的各类功能，设计教师节促销活动的欢迎页面。本任务主要使用3D工具，再配合图形工具和操控变形工具设计教育平台APP的欢迎页，完成效果如图8-1-1所示。

知识技能

学会利用选区工具进行图像绘制，完成教育平台APP欢迎页的设计。

1. 自动提交功能

自动提交功能可以高效裁剪、变换，以及置入或输入文本。提交更改时，不再需要按<Enter>键，也不需要单击选项栏中的"提交"按钮。

2. 操控变形工具

图8-1-1　教育平台APP欢迎页

Photoshop 2022中的操控变形工具是一组功能强大的工具，又称为正规无删减校准（Puppet Warp）工具，该工具可对图像中对象的特定区域进行变形操作，添加标记点（即"骨骼"），通过移动和旋转这些点来扭曲和变形图像。单击"编辑"→"操控变形工具"，用于对图像进行变形和扭曲。"操控变形工具"属性栏如图8-1-2所示。

图8-1-2　"操控变形工具"属性栏

（1）模式

用于设定网格的弹性，分为刚性、正常和扭曲。刚性：变形更精确，但是缺少过渡；正常：效果精确，过渡柔和；扭曲：可以实现透视变形效果。

（2）密度

用于设置网格的疏密，分别为较少点、正常和较多点。较少点：网格点少，只能放少量图钉；正常：网格点适中，介于较少点和较多点之间；较多点：网格点多，可以放更多图钉。

（3）扩展

用于设置变形的范围，扩展像素大，网格的范围会扩大，变形后边缘更平滑；扩展像素小，网格范围会缩小，变形后边缘更生硬。

（4）显示网格

勾选时显示网格，取消勾选时隐藏网格。

项目8 手机页面设计

（5）图钉深度 图钉深度：+⊙ +⊙

选择一个图钉，单击该按钮，可以将图钉向上或向下移动一个堆叠顺序。

（6）旋转 旋转：自动 ∨ 0 度

用于调整图钉旋转角度，分为自动、固定两种。自动：拖拽图钉时软件会自动对图像进行旋转处理；固定：用于旋转固定角度，选择固定后，在右侧输入旋转角度，选择图钉按住<Alt>键，出现变换框，拖动鼠标旋转固定角度。

（7）复位按钮 ↺

可以删除所有图钉，将网格恢复到变形前的状态。

（8）撤销按钮 ⊘

放弃变形操作，或按快捷键<ESC>放弃编辑。

（9）应用按钮 ✓

确认变形操作，或按快捷键<Enter>确认编辑。

3. 3D工具

Photoshop 2022提供了功能强大的3D工具，用于创建、编辑和渲染三维模型和场景。

3D图层：Photoshop 2022允许用户将普通的图层转换为3D图层，以便在三维空间中进行编辑和变换。

3D形状工具：Photoshop 2022提供了一系列的3D形状工具，如3D文字、3D立方体、3D球体等，可以用于创建基本的3D对象。

3D摄像机工具：通过3D摄像机工具，用户可以在三维空间中移动、旋转和缩放摄像机，以控制视角和观察角度。

3D绘画和涂鸦：用户可以在3D模型上进行绘画和涂鸦操作，就像在二维图像上绘制一样。

3D渲染：Photoshop 2022提供了内置的3D渲染引擎，可以将3D场景渲染成逼真的图像。用户可以调整光照、材质、渐变和其他渲染属性来获得所需的效果。

3D动画：通过Photoshop 2022的时间轴功能，可以创建和编辑3D动画效果，包括旋转、缩放、淡入淡出等。

任务实施

1. 新建文档

新建文档，选择"移动设备"→"iphone8/7/6"，数值使用默认。

2. 建立参考线

执行"视图"→"新建参考线"命令，分别在水平位置40像素、128像素、1236像素，垂直位置40像素、710像素建立参考线。

3. 绘制按钮

1）在"图层面板"中建立组，命名为"按钮"，在"按钮"图层组建立3个图层，分别命名为"返回""跳过""显示"，如图8-1-3所示。

2）选择"返回"图层，单击"矩形工具" ▭，绘制一个宽高为40×40像素的矩形，在属性栏中输入如图8-1-4所示的参数,按快捷键<Ctrl+T>把图形旋转45度后,栅格化图像,单击"矩形选框工具" ,把矩形的右侧删除,最后把图形放置在水平位置第一、第二条参考线中间,如图8-1-5所示。

图8-1-3　图层面板　　　图8-1-4　矩形1参数　　　图8-1-5　"返回"图层效果

3)选择"跳过"图层,单击"矩形工具" 绘制一个宽高为100×40像素的灰色矩形,在属性栏中输入如图8-1-6所示的参数,新建"跳过"文字图层,设置字体为"苹方黑体",文字大小为18像素,颜色选择黑色,最后把图形和文字统一放置在画板的右上角,如图8-1-7所示。

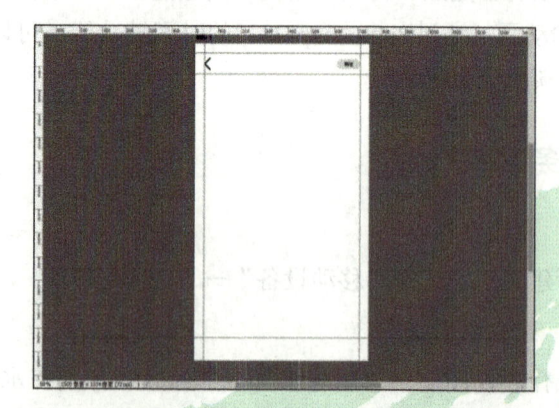

图8-1-6　矩形2参数　　　　　　图8-1-7　"跳过"图层效果

4)选择"显示"图层,单击"矩形工具" 绘制一个宽高为100×20像素的灰色矩形,在属性栏中输入如图8-1-8所示的参数,单击"椭圆工具" ,分别在圆角矩形上依次绘制4个宽高为12×12像素的圆形,填充颜色,把所有图形组合放置在手机页面的下方,如图8-1-9所示。

项目8　手机页面设计

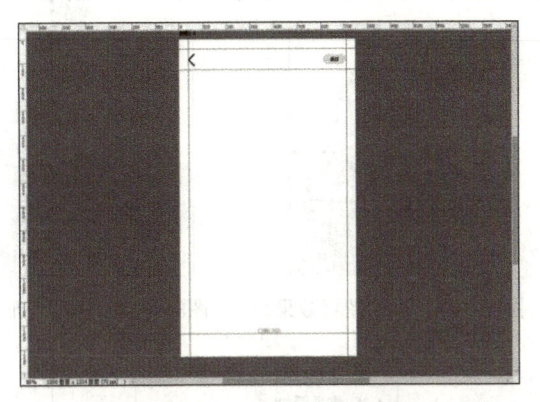

图8-1-8　矩形3参数　　　　图8-1-9　"显示"图层效果

4. 制作底图

1）在"图层"面板建立组，命名为"底图"，导入素材"8-1书籍.png"，调整图片位置。在"底图"图层组中新建一个宽高为320×240像素的矩形，颜色填充为黄色，无边框，完成后栅格化图形，选择矩形图层，单击"滤镜"→"像素化"→"彩色半调"，在彩色半调面板中输入如图8-1-10所示的参数。利用"魔棒工具" 和"矩形选框工具" ，把多余的部分删除，删除后效果如图8-1-11所示。最终为矩形添加"渐变叠加"图层样式，并调整透明度为40%，效果如图8-1-12所示。

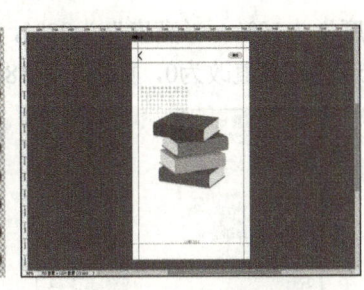

图8-1-10　彩色半调面板参数　　　图8-1-11　彩色半调效果　　　图8-1-12　底图效果

2）插入素材"人物"，执行"编辑"→"操控变形"命令，基于人体骨骼运动的原理，单击鼠标左键，为人物添加"图钉"，添加图钉效果如图8-1-13所示，选择脖子位置图钉，按住<Alt>键，对头部进行旋转，调整人物头部角度，完成后按<Enter>键，最终调整效果如图8-1-14所示。

3）利用"图层样式""羽化""透明度"等，为人物、书籍添加投影效果，使整个画面更加和谐，添加投影效果如图8-1-15所示。

5. 制作3D绕转动态效果

1）新建图层，命名为"3D绕转效果"。确认"3D绕转效果"为当前编辑图层，执行"3D"→"从图层新建网格"→"网格预设"→"圆柱体"命令，单击"视图"→"显示"，确认勾选状态与图8-1-16一致。

2）选择"3D绕转效果"图层，通过选择黄色方块分别对X轴、Y轴、旋转角度进行调整，改变圆柱体大小和角度，效果如图8-1-17所示。

图8-1-13　添加图钉效果　　图8-1-14　操控变形效果　　图8-1-15　添加投影效果

图8-1-16　3D勾选状态　　图8-1-17　圆柱体效果

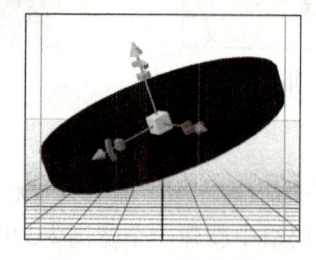

3）选择"3D面板"，单击"底部材质"，在"属性"面板改变材质的"粗糙度"和"高度"数值，如图8-1-18a所示；单击"顶部材质"，在属性面板改变材质的"粗糙度"和"高度"数值，如图8-1-18b所示；单击"圆柱体材质"，在属性面板输入材质的"粗糙度"为10%，"高度"为23%，在"不透明度"的▇位置载入纹理"8-1文字.psd"，并把不透明度数值改为0，如图8-1-18c所示。圆柱体效果如图8-1-19所示。

a)　　　　　　　　　　　b)　　　　　　　　　　　c)

图8-1-18　底部、顶部、圆柱体材质数值

168

项目8　手机页面设计

4）选择"3D绕转效果"图层，添加"图层蒙版"，单击"橡皮擦工具"，把"图层蒙版"中重合部分擦掉。插入素材"8-1星星.png"，旋转、移动并放置在画板中，添加"图层蒙版"，单击"橡皮擦工具"，把"图层蒙版"中重合位置擦掉，如图8-1-20所示。

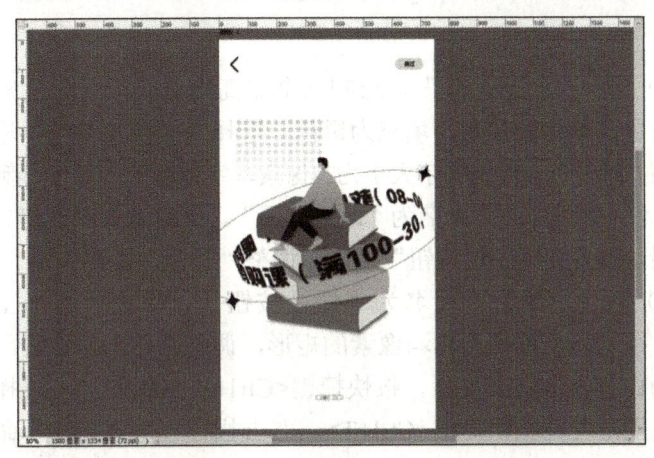

图8-1-19　圆柱体效果　　　　图8-1-20　星星图层效果

5）执行"窗口"→"时间轴"命令，在"时间轴"面板创建视频时间，单击"3D网格"，在0秒位置，单击◇按钮，添加关键帧；按照上一步的操作方式，在1秒位置添加关键帧，沿Y轴旋转179度（无限接近180度）；按照上一步的操作方式，在2秒位置添加关键帧，沿Y轴旋转179度（无限接近180度）；最后，把时间线拖到2秒处结束，如图8-1-21所示。

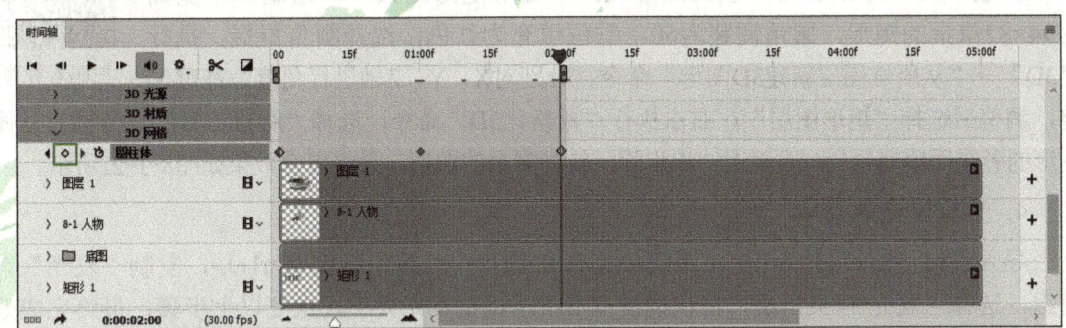

图8-1-21　时间轴设置

6）单击时间轴"设置"，勾选"循环播放"。

6. 导出Gif格式

最后保存，选择Gif格式，导出动画即可。

❗任务小结

在3D工具中，建立图形和制作动效是最基础的，本次任务主要学习利用3D工具，通过调整"圆柱体"大小，制作简单动画，最终完成教育平台APP欢迎页的制作。

🌐任务拓展

利用图形工具、操控变形工具、3D工具，制作"科技公司APP欢迎页"，效果如图8-1-22所示。

1. 新建文档

新建文档，选择"移动设备"→"iphone 8/7/6"画板，导入素材"8-1拓展背景图.png"，放置在画板中心。

2. 绘制按钮

1）选择"矩形工具"，绘制一个宽高为116×48像素的矩形，设置圆角为22像素，填充为黑色；选择"文字工具"，输入文字"跳过"，设置文字大小为24像素，字体样式为黑体，颜色为白色；新建"组"命名为"跳过按钮"，同时选择图形和文字图层，放置在"跳过按钮"组内，调整"按钮"图形位置。

2）新建"组"，命名为"切换按钮"，单击"矩形工具"，绘制一个宽高为48×4像素的矩形，调整圆角为24像素，填充为白色，旋转45度后，按快捷键<Ctrl+J>复制图形。选择"拷贝图形"并按快捷键<Ctrl+T>，右击执行"垂直翻转"命令，把两个图形组合为箭头形状，最后运用"椭圆工具"绘制两个圆形，最终组合为图8-1-22所示的"箭头图形"。调整"切换按钮"位置。

图8-1-22 科技公司APP欢迎页

3. 制作手机图形

新建"组"，命名为"手机图形"，单击"矩形工具"，绘制一个宽高为94×82像素的矩形，圆角调整为60，颜色填充为红色；选择圆角矩形，执行"3D"→"从所选图层新建3D图形"命令，分别对X、Y、Z轴进行角度、高度调整，调整后选择"矩形图层"，右击执行"栅格化3D"命令；选择"魔棒工具"，分别对立体图形的各个面填充颜色。重复上一步步骤，绘制剩余的图形，最终组合效果如图8-1-22所示。

扫码看视频

4. 制作发光效果

导入素材"8-1发光.psd"，围绕放置在3D图形中，按快捷键<Ctrl+J>，复制"发光"素材组，选择"发光 拷贝"组，按快捷键<Ctrl+T>调整发光大小。重复以上步骤，最终完成效果如图8-1-22所示。

5. 输入标题文字

选择横排文字工具，输入"科技公司""新品发布会"，根据图8-1-22文字效果进行设置，最终完成科技公司APP欢迎页。

任务2　制作生鲜超市H5推广页面

任务描述

生鲜超市十周年店庆即将到来，生鲜超市委托UI设计公司为超市十周年店庆设计H5推广页面，生鲜超市H5推广页面通过微信推广可以与用户互动，其中包含鲜美食材展示、优惠活

项目8　手机页面设计

动介绍、便捷下单、顾客评价和推荐、最新资讯等，最终达到促销推广的目的。生鲜超市H5推广页面主要使用Camera Raw功能处理图片，使用自动抠图工具快速抠出图像，并使用预设分组功能规范化制作生鲜超市H5推广页面，完成效果如图8-2-1所示。

知识技能

学会利用自动抠图工具进行素材制作，完成生鲜超市H5推广页面。

1. Camera Raw功能

Camera Raw功能提供了一系列专业的图像编辑和调整功能，旨在优化原始图像的色彩、曝光、对比度、锐度等方面，以达到更好的图像质量，Camera Raw功能的特点在于它能够直接处理相机原始文件（RAW文件），可以最大程度地保留原始图像的信息和质量，以便后期进行精确的编辑和修复。

1）色彩校正：通过微调白平衡、色温、色调、饱和度等参数，对图像的色彩进行校正，使其更加准确和自然。

2）曝光调整：提供曝光补偿、高光/阴影恢复、曲线调整等工具，用于修正图像的亮度和对比度，使细节得到更好展示。

3）色彩调整：可以对整体图像或者特定区域进行颜色修正、色相调整、饱和度调整等操作，以满足不同的调色需求。

4）锐化和降噪：提供锐化和降噪工具，用于增强图像的细节和清晰度，同时减少因高ISO或其他因素导致的噪点。

5）几何校正：提供倾斜校正、透视校正等功能，用于修复图像中的线条和形状倾斜问题，使图像更加准确和稳定。

图8-2-1　生鲜超市H5推广页面

2. 自动抠图工具

自动抠图工具又称为"选择主体"（Select Subject）工具，"选择主体"工具是非常便捷的自动抠图工具，适用于简单背景和清晰主体的图像处理。"选择主体"工具能够自动识别照片中的主体，并将其从背景中准确地分离出来。"选择主体"工具在分离复杂的背景或具有复杂边缘的主体时，可能不够精确，在这种情况下，需要手动进行选区调整或使用其他更准确的选择工具来完成抠图。

3. 预设分组功能

预设分组是一种组织和管理预设（如图层样式、调色板、笔刷等）的功能。预设分组允许用户将相关的预设放置在同一个分组内，以便方便地找到和使用它们。通过预设分组，用户可以整理和分类相应的预设，以便在需要时更快地找到它们，还可以使用面板中的拖放功能重新排列它们的顺序。

任务实施

1. 新建文档

新建文档，选择"移动设备"→"iphone8/7/6"，数值使用默认。

2. 绘制折纸效果底图

1）新建"组"，命名为"第一层"，选择"油漆桶工具"，填充"背景"图层，图层颜色为深蓝色"#124877"。在组内新建图层，命名为"形状1"，选择"钢笔工具"，选择工具模式为"形状"，设置形状填充类型为"无颜色"，设置形状描边类型为"黑色""1像素""直线"，绘制一个如图8-2-2所示图形。

2）选择"形状1"图层，按快捷键<Ctrl+J>，复制2个相同图层。选择"形状1 拷贝2"图层，调整形状填充颜色为"#ffe362"，形状描边类型为"无颜色"；选择"形状1 拷贝"图层，调整形状填充类型为"#b59b32"，形状描边类型为"无颜色"，调整图层"形状1 拷贝"位置，完成后效果如图8-2-3所示。

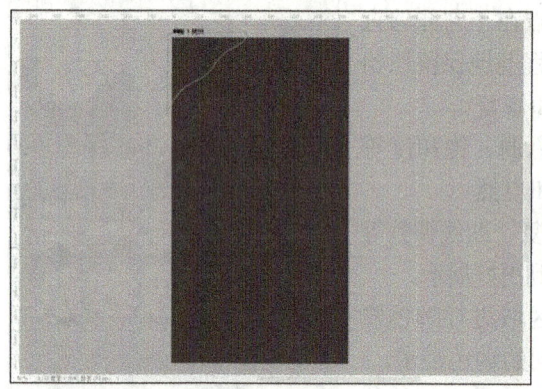

图8-2-2　绘制形状1效果

图8-2-3　复制形状1效果

3）选择"形状1"图层，添加图层样式"颜色叠加"，调整叠加颜色为"#fff4c3"，其他数值为默认数值。调整"形状1 拷贝"图层不可见，方便观察效果。新建图形命名为"高光"，单击"钢笔工具"，为"形状1"图层绘制高光，设置形状填充颜色为"#fff198"，设置形状描边类型为"无颜色"，效果如图8-2-4所示。选择"高光图层"，右击"转换为智能对象"，选择"滤镜"→"模糊"→"高斯模糊"，调整模糊半径数值为"50像素"。选择"高光图层"，右击"创建剪贴蒙板"，最终效果如图8-2-5所示。

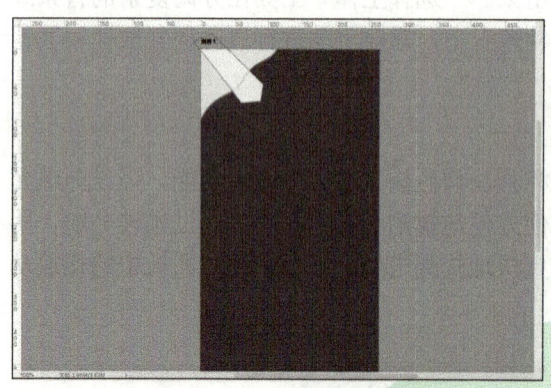

图8-2-4　绘制高光形状

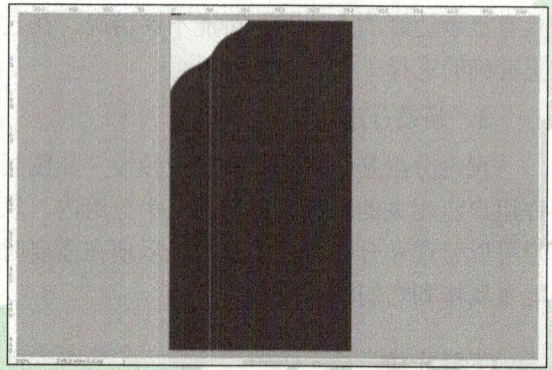

图8-2-5　高光效果

4）调整"形状1""形状1 拷贝2"和"高光"图层不可见，方便观察效果。新建图

项目8　手机页面设计

形命名为"投影"，单击"钢笔工具"，为"形状1 拷贝"图层绘制投影，设置形状填充颜色为"#a08029"，设置形状描边类型为"无颜色"，如图8-2-6所示。选择"投影"图层，右击"转换为智能对象"，选择"滤镜"→"模糊"→"高斯模糊"，调整模糊半径数值为"30像素"。选择"高光图层"，右击"创建剪贴蒙板"，投影效果如图8-2-7所示。

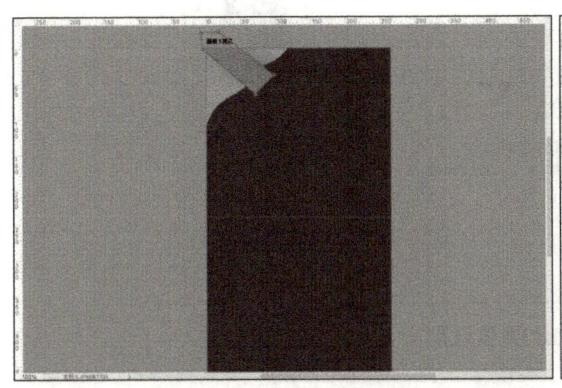

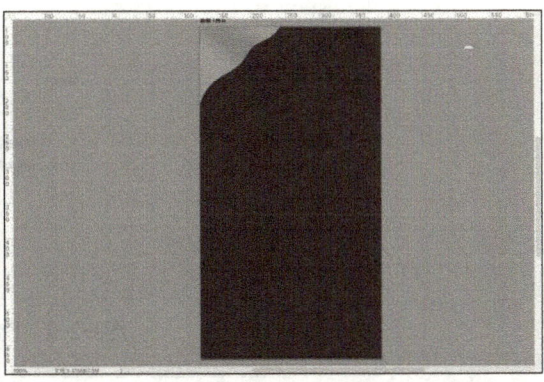

图8-2-6　绘制投影形状　　　　　　图8-2-7　投影效果

5）调整所有图层可视状态，选择"第一层"图层组，添加"图层样式"→"投影"，调整"投影1"数值，如图8-2-8所示；单击，添加"投影2"效果，增强画面质感，调整"投影2"数值，如图8-2-9所示，完成后单击"确认"按钮。

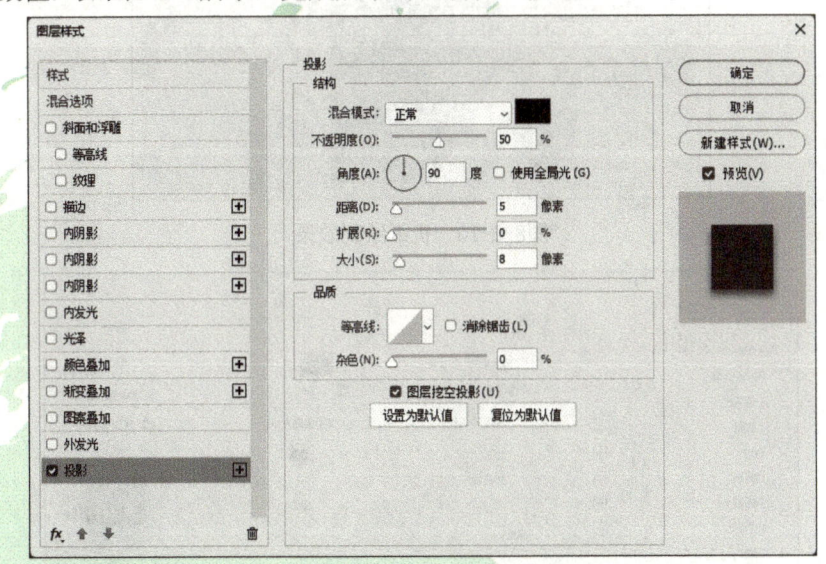

图8-2-8　投影1数值设置

6）重复上述步骤，分别绘制"第二层"和"第三层"效果，最终效果如图8-2-10所示。

7）选择"第一层"图层组，添加图层样式"投影"，输入数值如图8-2-11所示，单击投影右侧的增加投影效果，输入数值如图8-2-12所示。根据此方法，参照效果图8-2-13，分别对"第二层""第三层"图层组进行"投影"的图层样式添加。

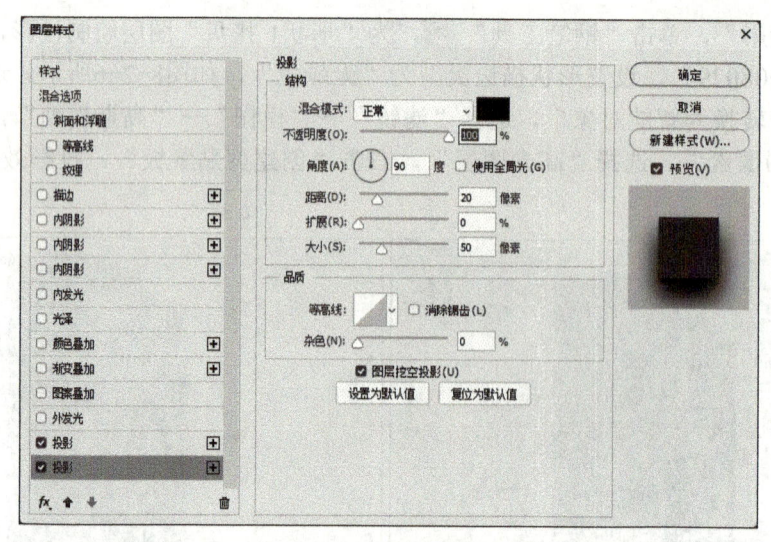

图8-2-9　投影2数值设置

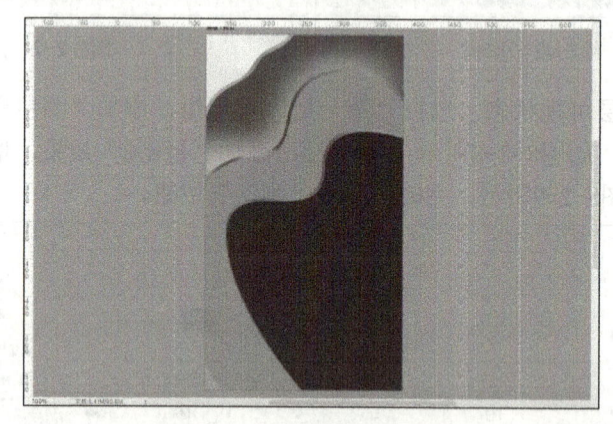

图8-2-10　折纸绘制效果

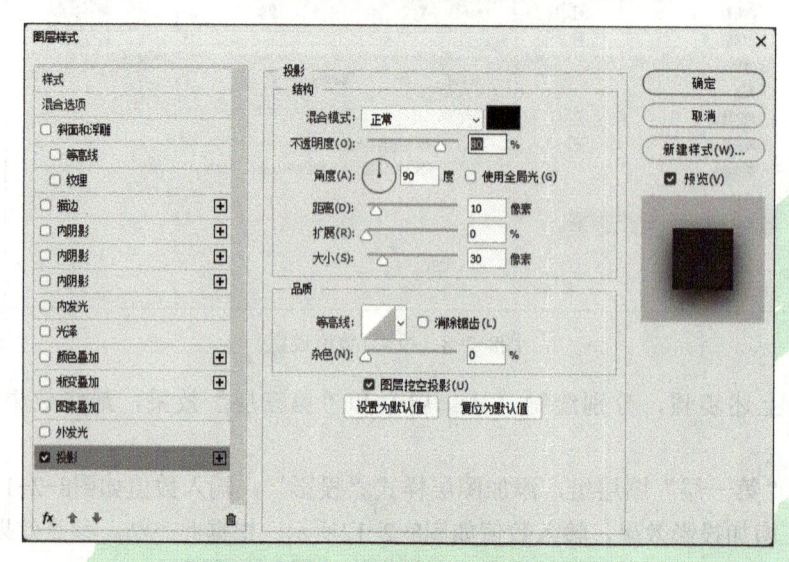

图8-2-11　"第一层"图层组投影1数值设置

项目8　手机页面设计

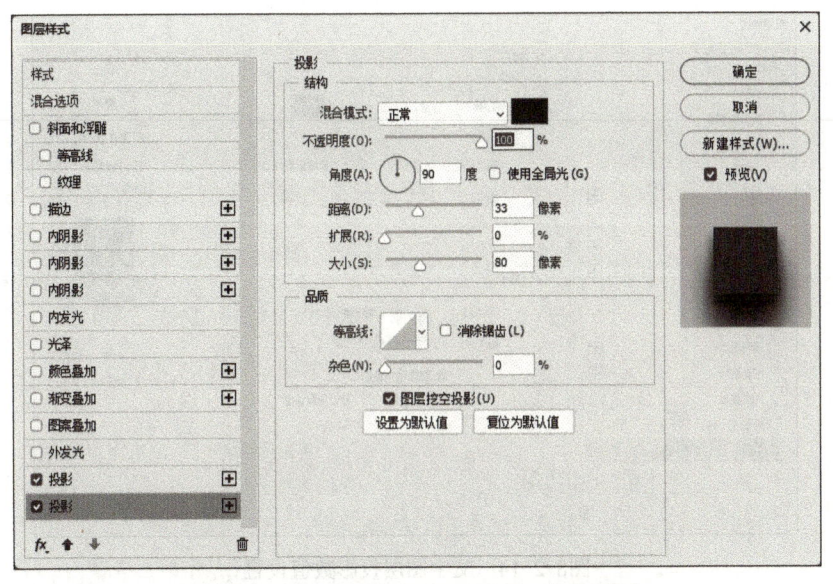

图8-2-12　"第一层"图层组投影2数值设置

图8-2-13　折纸效果

3. 制作推广页面文案

1）新建图层组，命名为"文案"，在"文案"图层组内创建2个新的图层组，分别命名为"标题"和"副标题"。选择"标题"图层组，单击"文字工具"，分两行输入文本"仅此一天超级秒杀"，设置文字的字体、大小、颜色等，完成后选择文字图层，添加"图层样式"→"投影"，调整"投影"数值如图8-2-14所示。完成后，单击"文字工具"，输入文本"上万件商品一网打尽　超市会员享7折优惠"，设置文字的字体、大小、颜色等，最终完成效果如图8-2-15所示。

2）选择"副标题"图层组，单击"文字工具"，输入文本"生鲜超市"，设置文字的字体、大小、颜色等；单击"文字工具"，分两行输入文本"年中大促"，设置文字的字体、大小、颜色等；完成后，运用"矩形工具"，为文本"年中大促"添加线条装饰，调整装饰线位置，把文本"年中大促"放置在内，如图8-2-16所示。

175

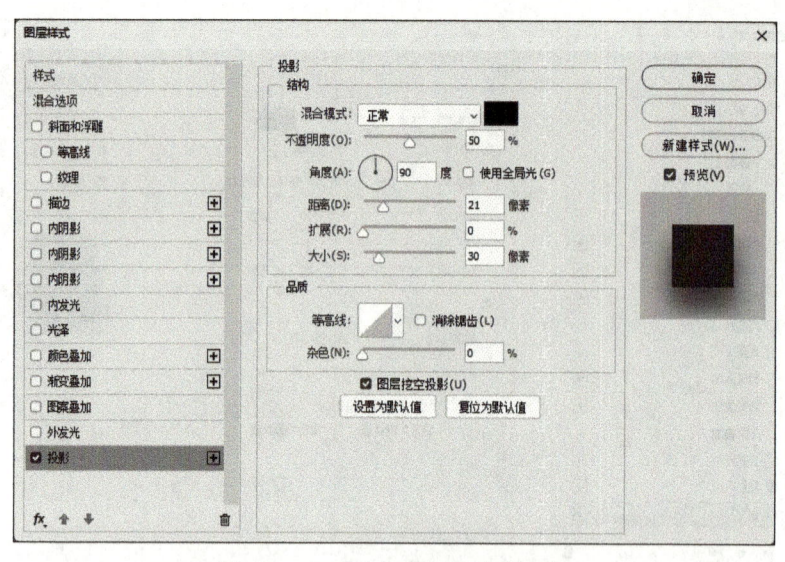

图8-2-14 文字图层投影数值设置

图8-2-15 "标题"图层组效果

图8-2-16 "副标题"图层组效果

4. 制作推广页面按钮

1）在图层面板新建图层组，命名为"图标"，选择"矩形工具"，创建一个宽高为242×80像素，颜色为绿色的矩形。

2）按快捷键<T>新建文字图层，输入文本"立即抢购"，设置文字的字体、大小、颜色等。选择"多边形工具"，创建一个宽高为12×19像素，边数为3的三角形，完成后把文字和三角形放置在矩形内，如图8-2-17所示。

图8-2-17 按钮制作效果

5. 添加超市生鲜素材

1）打开素材"橙子.jpg"，执行"滤镜"→"Camera Raw"命令，选择"曲线"调整图

项目8　手机页面设计

片亮度，调整数值如图8-2-18所示，按快捷键<Ctrl+Shift+P>执行"创建预设"命令，把名称命名为"图片亮度调整"，勾选预设内容，如图8-2-19所示，调整完毕单击"确定"按钮。

2）单击"对象选择工具"，框选橙子部分，系统自动识别内容后，删除背景，保留透明效果，如图8-2-20所示。

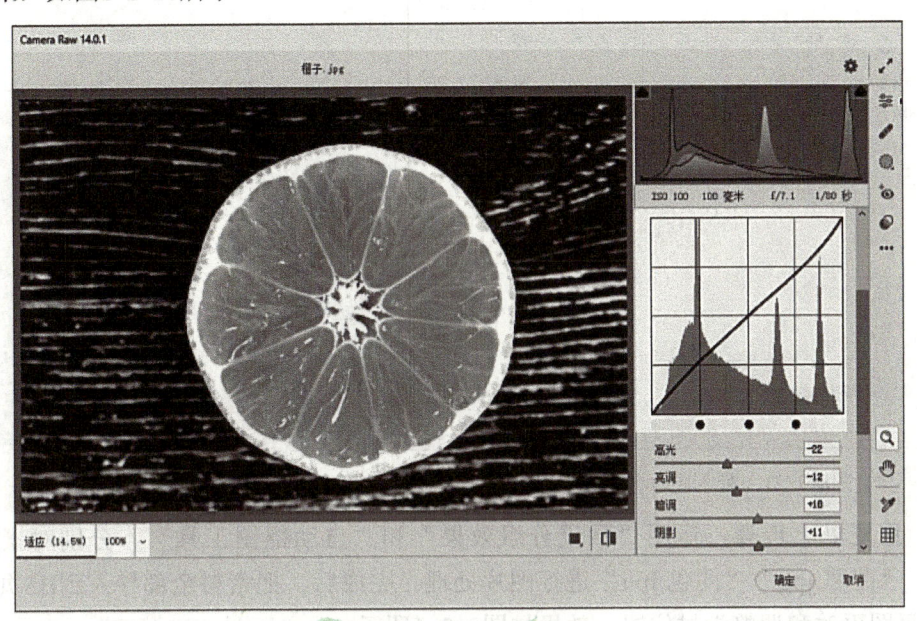

图8-2-18　图片调整数值

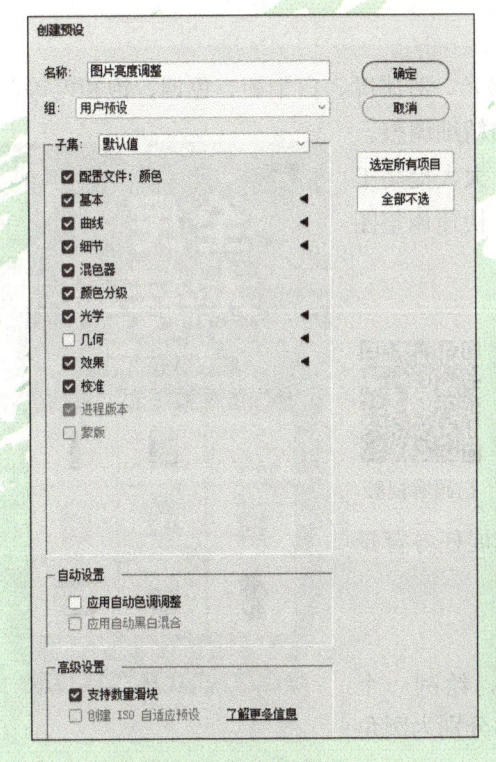

图8-2-19　创建预设

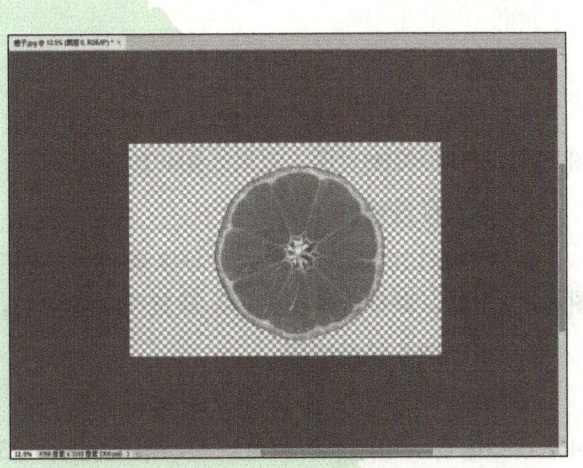

图8-2-20　图片去底效果

Photoshop平面设计基础

3）打开图片素材"玻璃瓶.jpg"，执行"滤镜"→"Camera Raw滤镜"命令，单击"更多"，选择"载入设置"，选择"图片亮度调整"→"打开"，如图8-2-21所示。单击"对象选择工具"，完成"玻璃瓶.jpg"自动抠图效果，如图8-2-22所示。

图8-2-21　载入图片预设效果　　　　图8-2-22　自动抠图效果

4）重复以上步骤，运用"预设分组效果"和"自动抠图工具"，分别对素材"雪糕.jpg""菠萝.jpg""面包.jpg"进行图片处理。完成后，把素材全部导入到H5页面中，根据效果图更改和调整素材位置，效果如图8-2-1所示。

任务小结

Camera Raw功能提供了丰富的调整工具，如曝光、对比度、白平衡、色调、饱和度等，用户可以通过直观的界面进行操作，实现对图像的精细调整。利用预设功能可以让同类照片快速套用调整效果，大大提高工作效率。本次任务主要学习利用Camera Raw功能，快速调整图效果，最终完成生鲜超市H5推广页面效果。

任务拓展

利用Camera Raw功能、预设分组功能、自动抠图工具，制作抽奖H5页面，效果如图8-2-23所示。

1. 导入背景素材

扫码看视频

新建720×1280像素的文档，导入素材"8-2拓展任务背景图.psd"素材，调整背景图大小，放置在画板中心。

2. 绘制抽奖轮盘底图

1）新建图层组，命名为"抽奖轮盘底图"，绘制一个640×1225像素，10像素的圆角矩形，根据图8-2-23分别为圆角矩形添加内阴影、外发光图层样式。

图8-2-23　抽奖H5页面

项目8　手机页面设计

2）选择"椭圆工具"，绘制16×16像素的圆形，设置图形颜色为"#ffde2b"，根据图8-2-23分别添加图层样式"斜面和浮雕""投影"。完成后，按快捷键<Ctrl+J>复制图层，填充为白色，根据图8-2-23分别添加图层样式"斜面和浮雕""投影"。同时选择两个椭圆图层，复制更多椭圆图形，运用"对齐并分布工具"，调整圆形的位置。

3. 制作抽奖轮盘

1）新建图层组，命名为"抽奖轮盘"，选择"圆角矩形工具"，绘制一个宽高为188×154像素，圆角为20像素的图形，完成后分别添加白色的"颜色叠加"、灰色的"内阴影"和黄色的"描边"图层样式，调整图层样式的"距离""大小"等。复制七个相同的圆角矩形，删除复制图形的图层样式黄色"描边"，完成后，运用"对齐并分布工具"调整圆角矩形位置。

2）打开素材"耳机.jpg"，执行"滤镜"→"Camera Raw"命令，调整图片效果，并预设分组，确认后，运用"自动抠图工具"对图片进行抠图，完成后把图片导入到H5页面中，根据图8-2-23添加图层样式"投影"。重复上述步骤，分别对"口红.jpg""手表.jpg""项链.jpg"进行图片处理，完成效果制作。

3）导入文件"红包.psd"和"立即抽奖.psd"，并根据图8-2-23调整位置，使用"对齐并分布工具"，将图形对齐分布。

4. 制作标题

1）新建图层组，命名为"标题"，单击"文字工具"，分别添加文本"全民""大""转""盘"，调整文字颜色、大小和位置，完成后选择"大""转""盘"图层，为图层添加"斜面和浮雕"效果，添加白色高光效果。

2）选择"椭圆工具"与"多边形工具"，运用"合并形状"工具，绘制如图8-2-23所示图形，完成后添加文本"100%有奖"，文字颜色填充为白色。

3）选择"标题"图层组，添加图层样式"描边"，设置描边颜色为"#b3141a"，描边大小为"12像素"。

5. 制作副标题

1）新建图层组，命名为"文案"，选择"矩形工具"绘制一个宽高为79×157像素，圆角为40像素的图形，设置颜色为"#3b2a70"。单击"文字"工具，输入文本"活动规则"，添加白色"颜色叠加"图层样式，对文字设置大小、字体后，根据图8-2-23调整文字和图形的位置。

2）参考上述步骤，运用图"外发光""描边""颜色叠加"等图层样式、图形工具、文字工具等，完成"抽奖机会"和"中奖名单"副标题效果，最终完成效果如图8-2-23所示。

任务3　制作社交平台APP界面

扫码看视频

任务描述

街道办举办了"邻居心连心"的系列活动，为了让邻居更了解彼此，街道办委托UI设计公司设计一个"邻居心连心"的社交平台APP，社交平台APP的界面设计需要简洁、直观，注重用户体验。社交平台APP界面主要运用图框工具和内容识别填充功能处理图片素材，并利用智能对象到图层功能快速制作和修改页面效果。最后制作完成社交平台APP界面，效果如图8-3-1所示。

知识技能

学会利用智能对象到图层功能、内容识别填充功能、图框工具，完成社交平台APP界面的制作。

1. 智能对象到图层功能

智能对象到图层是指将一个智能对象转换为普通图层的操作。智能对象被用来嵌入一些元素或文件。例如，嵌入矢量图形、链接外部文件或嵌入调整图像的滤镜效果。

通过将智能对象转换为普通图层，可以对其应用更多的编辑和调整操作，如画笔工具、橡皮擦工具、滤镜效果或者图层样式。将智能对象转换为图层后，它不再具有智能对象的可编辑性和链接性，但可以像其他图层一样自由地编辑和操作。这个功能便于对智能对象进行更复杂和精确的处理，同时也提供了更大的灵活性和创意空间。需要注意的是，一旦将智能对象转换为普通图层，就无法再恢复为智能对象。

图8-3-1　社交平台APP界面

2. 内容识别填充功能

内容识别填充用于自动填充图像中的选择区域，以便删除、替换或填充内容。它基于图像识别和智能算法，可以自动分析图像的内容，并使用周围的像素数据生成合适的填充结果。内容识别填充的效果取决于图像的复杂性和选定区域的大小。对于简单和较小的区域，内容识别填充通常可以提供出色的结果。对于复杂和较大的区域，可能需要进行一些手动的修复或调整来使填充结果更加理想。

3. 图框工具

图框工具是一个为图形创建占位符的工具，提供了一种快速而简便的方法来创建图框，并将图像调整到图框中。图框工具可以快速遮盖图像，将形状或文本转换为可用的占位符且可填充图像的图框。用户可轻松替换图框中的图像，调整图像显示范围。

1）图像展示和布局：可以使用图框工具创建图像的框架，这对于快速展示设计想法或进行布局非常有用。可以轻松绘制和调整框架的大小和形状，然后将图像拖放到框架中。框架的类型有两种，一种是矩形，另一种是椭圆形。

2）响应式设计和多平台布局：图框工具可以帮助处理响应式设计和多平台布局。用户可以使用不同的框架大小和形状来模拟不同屏幕尺寸和设备。这使得在设计过程中更容易预览并调整布局。

3）图像的非破坏性调整：使用图框工具，可以对图像进行非破坏性的调整，如旋转、缩放、翻转等。可以随时修改和调整图框中的图像内容，而不会影响原始图像的像素数据。

项目8　手机页面设计

任务实施

1. 新建文档

新建文档，选择"移动设备"→"iphone8/7/6"，数值使用默认。导入素材"8-3状态栏.psd"，放置在画板上方。

2. 制作标签栏

1）新建图层组，命名为"标签栏"，单击"矩形工具"，建立一个宽高为750×100像素的矩形，填充矩形颜色为"白色"，添加"描边"图层样式，填充线条颜色为"#e7e7e7"，数值设置如图8-3-2所示，完成后把矩形放置在画板的底部。

2）选择"圆角矩形"工具，新建一个宽高为127×66像素的圆角矩形，设置四个圆角为33像素，填充颜色为"#e778f5"，完成后把圆角矩形放置在标签栏中心。导入素材"相机.png"，运用"对齐工具"调整"相机"位置，放置在圆角矩形的中心，选择"相机"图层，右击执行"转换为智能对象"命令，完成后添加"颜色叠加"图层样式，设置颜色为"#ffffff"，完成效果如图8-3-3所示。

3）导入素材"首页.png"，选择"首页"图层，右击执行"转换为智能对象"命令，完成后添加"描边"图层样式，描边颜色为"#adadad"，设置数值如图8-3-4所示，勾选"颜色叠加"图层样式，添加白色"颜色叠加"效果。参考上述步骤，分别导入"发现.png""消息.png""我的.png"，把图标转换为智能对象。同时选中4个图标运用"对齐工具"执行"顶对齐"命令，完成后，同时选中4个图标和"圆角矩形"图层，执行"垂直居中分布"，效果如图8-3-5所示。

4）单击"文字工具"，分别输入文本"首页""发现""消息""我的"，把文字放置在图标的下方，运用"对齐并分布工具"对齐文字图层，效果如图8-3-6所示。

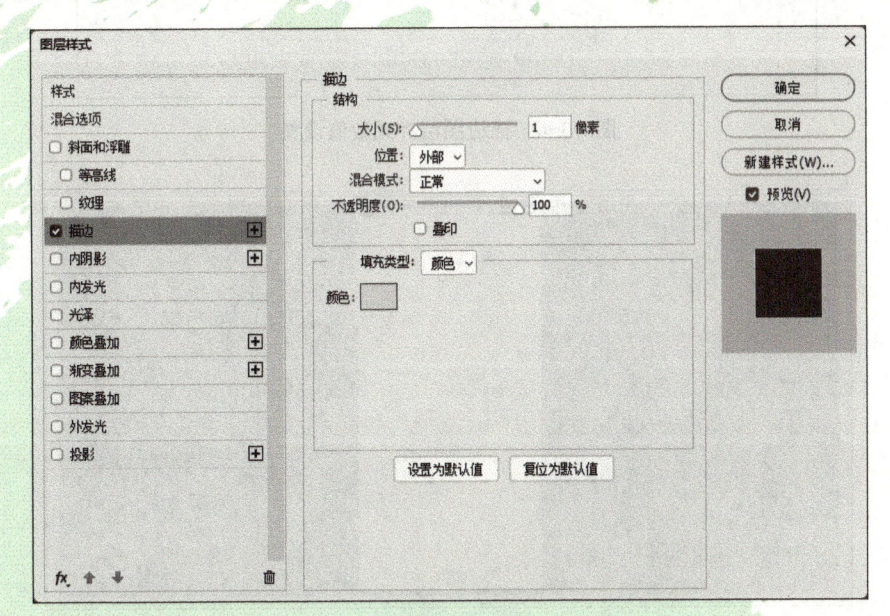

图8-3-2　"描边"图层样式数值设置

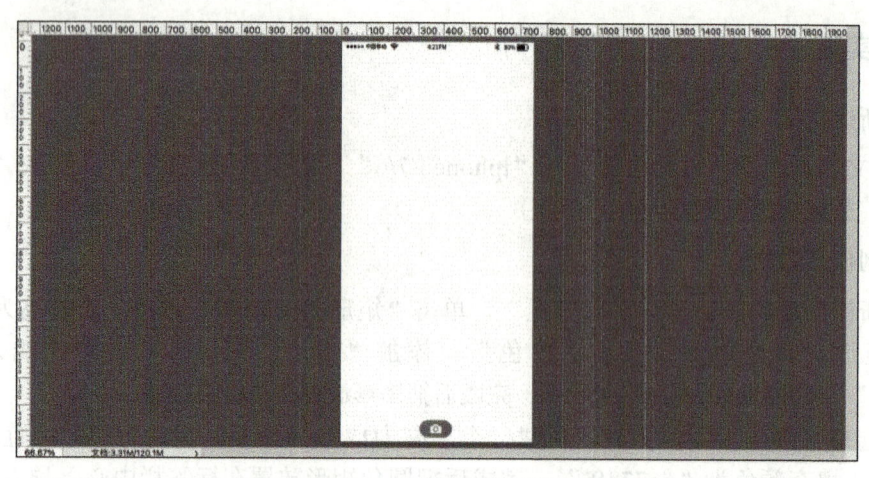

图8-3-3 制作相机图标

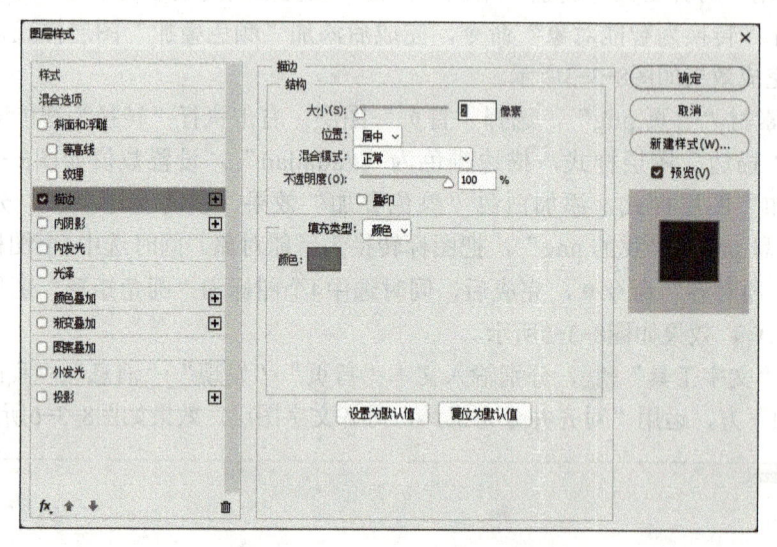

图8-3-4 描边图层样式数值设置

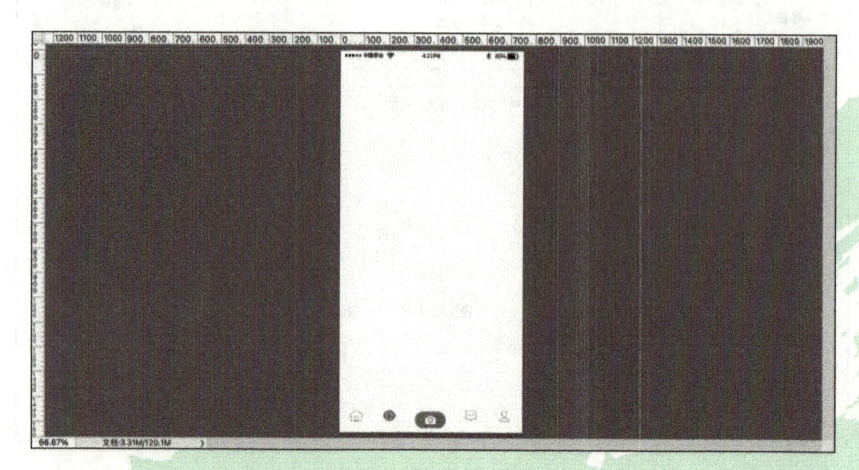

图8-3-5 图标效果

项目8　手机页面设计

图8-3-6　标签栏效果

3. 制作导航栏

1）执行"视图"→"新建参考线"命令，分别建立水平位置为100像素、200像素，垂直位置为32像素、508像素、596像素、678像素的参考线。

2）新建图层组，命名为"搜索栏"，选择"搜索栏"图层组，单击文字工具，输入文本"发现"，创建"发现"文字图层，调整文字大小、字体等，字符数值设置如图8-3-7所示，最后把文字放置在左上方，放置文字的时候，可以对准参考线位置即可，最终效果如图8-3-8所示。

图8-3-7　字符数值设置　　　　　　　　图8-3-8　文字效果

3）导入素材"搜索.png"，右击执行"转换为智能对象"命令，添加"颜色叠加"图层样式，调整颜色为"#ababab"，完成后同时选择"发现"文字图层和"搜索"图层，执行"顶对齐"命令，最后选择"搜索"图层，对齐到参考线。重复上一步骤，分别导入"对话.png"和"签到.png"，调整位置，效果如图8-3-9所示。

4）选择"圆角矩形" 工具，创建一个宽高为129×60像素，圆角为30像素，颜色为"#faf5fa"的圆角矩形，根据参考线调整圆角矩形的位置。完成后，按快捷键<Ctrl+J>再创建3个相同的圆角矩形，其中，选择其中一个圆角矩形图层，更改颜色为"#e778f5"，调整4个圆角矩形的位置，运用"对齐并分布"工具对齐分布4个圆角矩形。最后为圆角矩形添加文字内容，效果如图8-3-10所示。

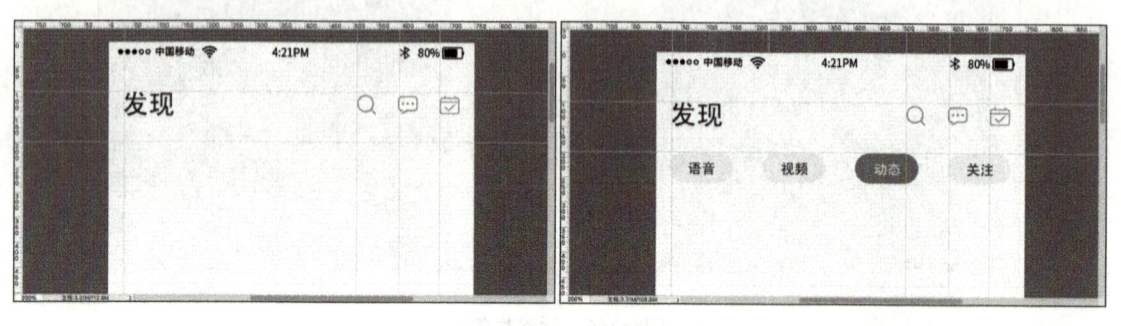

图8-3-9　导航栏效果1　　　　　　　　图8-3-10　导航栏效果2

4. 制作页面内容

1）新建图层组，命名为"社交分享-1"，单击"圆角矩形" 工具，建立一个宽高为336×342像素，圆角为10像素的圆角矩形，选择圆角矩形，右击执行"转换为图框"命令，图层重命名为"图片分享-1"，完成后拖动素材"图片分享-1.jpg"置入圆角矩形框内，调整"图框"和"图片"的位置，如图8-3-11所示。

2）选择"图片分享-1"图层，选择"套索工具"，选择图片上方蛋糕和果酱部分，右击执行"填充"命令，选择"内容识别"，重复执行"填充"→"内容识别"命令，快速完成图片调整，完成后保存图片，"图框内容"会自动匹配效果，如图8-3-12所示。

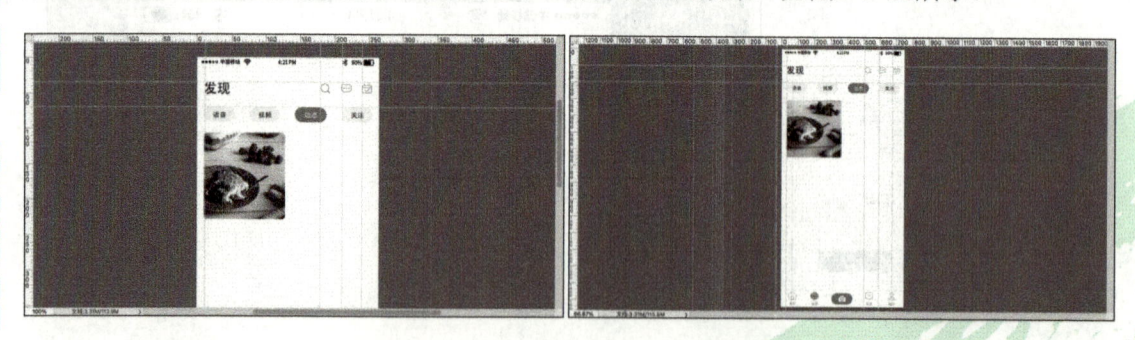

图8-3-11　图片素材效果　　　　　　　图8-3-12　图片处理效果

3）在工具栏单击 图框工具，选择 ⊗ 模式，创建一个宽高为50像素的圆形图框，拖动素材"头像-1"置入圆形图框中，完成后调整"图形图框"的位置和"素材"的大小、位置。选择"文字工具"，根据图8-3-1效果，分别输入文本，调整文字颜色、大小、字体等，效果如图8-3-13所示。

项目8　手机页面设计

图8-3-13　社交分享页面效果

4）根据上述步骤，完成其他社交分享，最终完成效果如图8-3-1所示。

🔔 任务小结

使用图框工具，用户可以轻松地调整图像或页面元素的位置和大小，而无需实际修改内容。这对于设计师在进行页面布局时非常有用，因为他们可以先确定布局中各个元素的位置和比例，再填充实际的内容。并通过使用"内容识别"工具快速修改图片，运用智能对象到图层功能，高效制作，最终完成社交平台APP界面效果。

🔔 任务拓展

利用图框工具、智能对象到图层功能、图形工具等制作旅游APP登录页面。效果如图8-3-14所示。

扫码看视频

1）新建iphone 8/7/6画板，单击"图框"工具，选择"椭圆"模式，建立一个1028×1028像素的图形图框，把图片素材"风景.jpg"置入到图框中，调整素材图片的大小、位置，完成后根据图8-3-14效果调整图框的位置。

2）新建图层组，命名为"状态栏"，选择"状态栏.psd"置入画板中，添加白色"颜色叠加"图层样式，调整状态栏位置。

图8-3-14　旅游APP登录页面

3）制作登录面板。

① 新建图层组，命名为"登录面板"，单击"圆角矩形"工具，建立638×800像素，颜色为白色的圆角矩形。添加"投影"图层样式，调整混合模式为"正片叠底"，颜色为"#dfdfdf"，不透明度为"90%"，距离为"10像素"，大小为"40像素"。

② 选择"圆角矩形"工具，建立一个宽高为562×88像素，圆角为14像素，颜色为"#f8f8f8"的圆角矩形，按快捷键<Ctrl+J>复制"圆角矩形"图层，调整两个图形位置。完

成后，置入图片素材"密码.png"和"个人.png"，添加图层样式"颜色叠加"，调整颜色为"#556ed7"。最后，为圆角矩形添加文字内容，调整文字颜色、大小、字体等。

③ 单击"圆角矩形"工具，新建一个宽高562×88像素，圆角为44像素的圆角矩形。选择"圆角矩形"图层，添加"渐变叠加"的图层样式，设置"#4e54c8"到"#5b86e5"的渐变，并调整渐变角度。完成后运用"文字工具"添加文字内容，调整文字颜色、大小、字体等。

④ 新建图层组，命名为"第三方账号登录"，选择"矩形"工具，在图层组内创建宽高为146×1.5像素，颜色为"#b3b8d3"的矩形，按快捷键<Ctrl+J>复制图层，调整两个矩形的位置。最后，运用"文字工具"添加登录面板内剩余的文字内容，调整文字颜色、大小、字体等。

4）新建图层组，命名为"Logo"，单击"椭圆"工具，创建一个宽高为60×60像素，颜色为"#00c486"的圆形，添加"投影"图层样式，调整混合模式为"正片叠底"，颜色为"#00c486"，不透明度为"20%"，扩展为"17%"，大小为"29像素"。重复上述步骤，完成蓝色和红色的Logo绘制。最终完成效果如图8-3-14所示。

参 考 文 献

[1] 张宏彬. Photoshop CC平面设计与案例应用[M]. 3版. 北京：高等教育出版社，2021.
[2] 段欣. 图形图像处理——Photoshop 2022 [M]. 5版. 北京：高等教育出版社，2023.
[3] 崔颖. Photoshop CC平面图像设计[M]. 4版. 北京：高等教育出版社，2024.
[4] 党天丞. Photoshop CS6平面设计基础教程[M]. 北京：中国原子能出版社，2020.

参考文献

[1] 英玉生. Photoshop CC平面设计与案例应用[M]. 北京: 清华大学出版社, 2021.
[2] 沙旭. 国之匠心新视界——Photoshop 2023[M]. 合肥: 合肥工业大学出版社, 2023.
[3] 耿跃鹰. Photoshop CC平面设计实例教程[M]. 3版. 北京: 高等教育出版社, 2024.
[4] 艾克文. Photoshop CS6平面设计从新手到高手[M]. 北京: 清华大学出版社, 2020.